高职高专通信技术专业系列教材

现代通信网络技术

（第二版）

主编　李　铮

参编　胡　霞　张　敏　文杰斌　张振中

　　　殷文珊　凌　敏　周小莉

西安电子科技大学出版社

内 容 简 介

本书系统介绍了现代通信网络的理论和主要技术。全书共 8 章，包括通信网络概述、电话网、数据通信网、IP 网络、移动通信网、光纤通信技术、接入网、下一代网络。

本书内容较新，实用性强，可适合不同层次读者的需要。本书既可以作为高职高专通信类专业教材，也可以作为通信企业的职工培训教材和通信技术专业岗位培训、通信行业职业技能鉴定的辅助教材，同时也适合通信企业的技术人员阅读。

图书在版编目（CIP）数据

现代通信网络技术 / 李铮主编 . —2 版 . — 西安：西安电子科技大学出版社，2023.5
ISBN 978-7-5606-6751-5

Ⅰ . ①现… Ⅱ . ①李… Ⅲ . ①通信网—研究 Ⅳ . ①TN915

中国国家版本馆 CIP 数据核字 (2023) 第 039534 号

策　　划	马乐惠
责任编辑	马乐惠
出版发行	西安电子科技大学出版社 (西安市太白南路 2 号)
电　　话	(029)88202421　88201467　　　　　邮　　编　710071
网　　址	www.xduph.com　　　　　　　电子邮箱　xdupfxb001@163.com
经　　销	新华书店
印刷单位	陕西精工印务有限公司
版　　次	2023 年 5 月第 2 版　　2023 年 5 月第 1 次印刷
开　　本	787 毫米 ×1092 毫米　1/16　印　张　13
字　　数	304 千字
印　　数	1 ～ 3000 册
定　　价	31.00 元

ISBN 978-7-5606-6751-5 / TN

XDUP 7053002-1

＊＊＊＊＊ 如有印装问题可调换 ＊＊＊＊＊

前　言
preface

　　本书利用现代通信技术与通信网的整体概念和相互关系，由全局出发，从全程全网的角度讲述各类先进的通信技术。

　　本书系统地介绍了现代通信网络的理论和主要技术。全书共8章，包括通信网络概述、电话网、数据通信网、IP网络、移动通信网、光纤通信技术、接入网、下一代网络。

　　本书编者是高等职业教育一线的优秀学科带头人和骨干教师。他们熟悉高等职业教育的教学实际并有多年的教育经验，且大多是"三位一体"教师——既是通信工程师，又是教授（副教授或讲师）和培训师，他们既有坚实的理论基础，又有很强的实践能力。

　　李铮担任本书主编，胡霞、张敏、文杰斌、张振中、殷文珊、凌敏、周小莉参编。具体分工如下：第1、7章由李铮编写，第2章由凌敏编写，第3章由周小莉编写，第4章由殷文珊编写，第5章由张敏编写，第6章由文杰斌、张振中编写，第8章由胡霞编写，全书由李铮统稿。

　　本书既可作为高职高专通信类专业教材，也可作为通信企业的职工培训教材和通信技术专业岗位培训、通信行业职业技能鉴定的辅助教材，同时也适合通信企业的技术人员阅读。

　　由于编者水平有限，书中难免有不妥之处，欢迎读者批评指正。

编　者

2023 年 2 月

目 录
c o n t e n t s

第1章　通信网络概述

1.1　通信网的基本概念

通信网络是由信息网元组成的集合体，是用于实现两个或多个规定点之间信息的传递和交换的通信体系。

信息是客观存在的，对接收者而言是事先不知道的内容。信号是信息的载体或表现形式，如语音(话音)、图像、文字等。通信系统则是完成信息传递所需的通信设备和线路的集合体。

1.1.1　通信系统基本模型

通信网是实现两个或多个规定点之间信息传送和交换的网络，是由一系列节点和连接节点的传输链路组成的组织或系统。其中节点在通信网中指的是交换点，用于完成接续和信息交换任务；传输链路是连接终端与交换节点或交换节点与交换节点的线路信道。

最简单的电话通信网如图1-1所示。

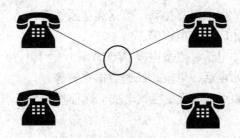

图 1-1　简单通信网

通信系统基本模型包括信源、变换器、信道、噪声源、反变换器和信宿等6部分，如图1-2所示。

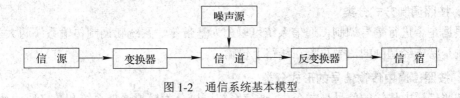

图 1-2　通信系统基本模型

(1) 信源：发出信息的信息源。在人与人之间通信的情况下，信源就是指发出信息的人。

(2) 变换器：把信源发出的信息变换成适合于在信道上传输的信号的设备，如把计算机产生的数字信号变换成能在电话线上传输的模拟信号的设备。

(3) 信道：信号传输介质。它一般分为无线信道和有线信道。

无线信道：信号在自由空间中传输的信道，如短波、微波、卫星等通信方式用到的信道；

有线信道：信号约束在某种传输线上传输的信道，如电缆、光缆等。

(4) 反变换器：把从信道上接收的信号变换成接收者可以接收的信息的设备。反变换是变换的反过程，如把从电话线上接收到的模拟信号转换成能被计算机处理的数字信号。

(5) 信宿：信息传送的终点，也就是信息接收者。

(6) 噪声源：不是人为实现的实体，但客观存在。虽然模型中的噪声源是以集中形式表示的，但是实际上，干扰噪声可能在信源信息初始产生的周围环境中混入，也可能从构成变换器的电子设备中引入。另外，在信道中的电磁感应以及接收端各种设备中引入的干扰都是噪声的来源。在模型中，我们把发送、传输、接收端各部分的干扰噪声集中地用一个噪声源来表示。

1.1.2　通信系统的类型

通信系统可以从不同的角度来分类。

1. 按照通信业务分类

根据不同的通信业务，通信系统可以分为多种类型：

(1) 单媒体通信系统，如电话、传真等。

(2) 多媒体通信系统，如电视、可视电话、会议电话、远程教学系统等。

(3) 新媒体通信系统，如物体-物体通信系统(物联网)等。

(4) 实时通信系统，如电话、电视等。

(5) 非实时通信系统，如电报、传真、数据通信系统等。

(6) 单向传输系统，如广播、电视等。

(7) 交互传输系统，如电话、点播电视(VOD)等。

(8) 窄带通信系统，如电话、电报、低速数据系统等。

(9) 宽带通信系统，如点播电视、会议电视、远程教学系统、远程医疗系统、高速数据系统等。

2. 按照传输介质分类

按照传输介质分类，通信系统可以分为有线通信系统和无线通信系统。有线通信系统借助电缆和光缆传递信号。无线通信系统则借助电磁波在自由空间的传播来传输信号，并根据电磁波波长的不同分为中/长波通信系统、短波通信系统和微波通信系统等类型。

3. 按照调制方式分类

根据是否进行信号调制，通信系统可以分为基带传输系统和调制传输系统两大类。基带传输是将未经调制的信号直接在线路上传输。

4. 按照信道中传输信号的形式分类

按照信道中传输的信号形式分类，通信系统可以分为模拟通信系统和数字通信系统等。

数字通信系统抗干扰能力强，有较好的保密性和可靠性，易于集成化。

1.2　通信网拓扑结构及构成要素

1.2.1　通信网的拓扑结构

网络的拓扑结构是指组成网络的各个节点通过某种连接方式互连后形成的总体物理形态或逻辑形态，称为物理拓扑结构或逻辑拓扑结构。

按照拓扑结构分，通信网有以下 6 种基本结构形式。

(1) 网型网：网内任何两个节点之间均有线路相连，如图 1-3 所示。如果有 N 个节点，则需要 $N(N-1)/2$ 条传输链路。

优点：冗余度较大，稳定性较好。

缺点：传输链路多，线路利用率低，经济性较差。

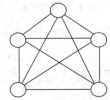

图1-3　网型网

(2) 星型网：每个终端均通过单一的传输链路与中心交换节点相连，如图 1-4 所示。

优点：结构简单，建网容易且易于管理。

缺点：中心交换节点处交换设备的交换能力和可靠性会影响网内的所有用户。

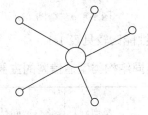

图 1-4　星型网

(3) 复合型网：由网型网和星型网复合而成，如图 1-5 所示。

根据网中业务量的需要，以星型网为基础，在业务量较大的转接交换中心区间采用网型结构，可以使整个网络比较经济且稳定性较好。

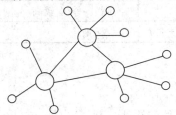

图 1-5　复合型网

(4) 总线型网：将所有节点都连接在一个公共传输通道——总线上，如图 1-6 所示。

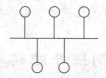

图 1-6　总线型网

优点：传输链路少，增、减节点比较方便。

缺点：稳定性较差，网络范围受到限制。

(5) 环型网：所有节点串联形成闭合环路，如图 1-7 所示。

特点：结构简单，实现容易，稳定性比较好。

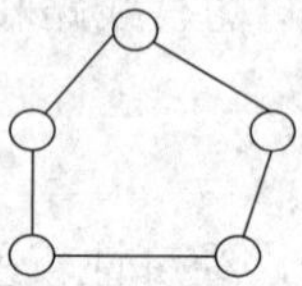

图 1-7　环型网

(6) 树型网：节点按层次进行连接，信息交换主要在上、下节点之间进行，采用分级分支结构，如图 1-8 所示。

优点：节省线路，成本较低，易于扩展。

缺点：对高层节点和链路的要求较高。

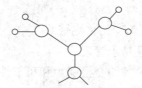

图 1-8　树型网

不同结构类型通信网的主要性能比较见表 1-1。

表 1-1　不同结构类型通信网的主要性能比较

比较项目	网型网	星型网	复合型网	环型网	总线型网	树型网
经济性	差	好	较好	好	较好	较好
稳定性	好	差	较好	较差	较好	较好
扩展性	较好	好	较好	差	很好	较好
对节点的要求	高	高	较高	较高	低	较高
L 与 N 的关系	$L = N(N-1)/L$	$L = N-1$	—	$L = N$	$L = N+1$	—

注：L 为链路数，N 为节点数。

1.2.2　通信网的构成要素

一个完整的通信网包括硬件和软件。

通信网的构成要素包括交换系统、传输系统、终端设备以及实现互连互通的信令协议，即一个完整的通信网包括硬件和软件两部分。通信网的硬件一般由交换设备、传输链路、终端设备组成，这些硬件是构成通信网的物理实体，如图 1-9 所示。

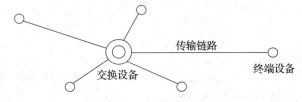

图 1-9　通信网的基本要素

交换设备是现代通信网的核心。交换设备的基本功能是在通信网络大量的终端用户之间，根据用户的呼叫请求建立连接，相互传送话音、数据、图像等信息。常用的交换设备有电话通信网中的程控数字交换机，数据通信网中的分组交换机、网络交换机，宽带通信网中的 ATM 交换机、帧中继交换机，全光通信网中的光交换机等。

传输链路用于连接通信网内的网络节点和终端设备。以金属线或光纤为传输介质的传输链路称为有线传输链路；以大气层、电离层或对流层为传输介质的传输链路称为无线传输链路。最简单的传输链路就是简单的通信线路 (如明线、电缆等)。常用的传输链路还有载波传输链路、PCM 传输链路、光纤传输链路、微波传输链路和卫星传输链路等。

终端设备即用户终端设备，是通信网中信息的源点 (信源) 和信息的终点 (信宿)。当两个用户通过通信网进行通信时，信源称为主叫用户，信宿称为被叫用户。终端设备的主要功能有：① 完成需要发送的信息和在信道上传送的信号之间的相互转换；② 完成一定的信号处理功能；③ 能够产生和识别通信网内的信令信息或协议。

通信网的软件是指完成信息的传递和转接交换所必需的一整套协议和标准。

1.3　现代通信网的分层结构

传统通信网络由传输部分、交换部分、终端三部分组成。其中传输部分为网络的链路，交换部分为网络的节点。随着通信技术的发展与用户需求的日益多样化，现代通信网正处在变革与发展之中，网络类型及所提供的业务种类不断增加和更新，形成了复杂的通信网络体系。

1.3.1　现代通信网的分层结构

从不同的角度看，对通信网会有不同的理解和描述。其中水平描述基于用户接入网络实际的物理连接来划分，可分为用户驻地网、接入网和核心网，如图 1-10 所示。

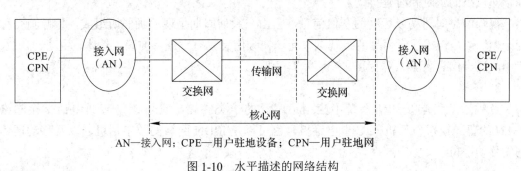

AN—接入网；CPE—用户驻地设备；CPN—用户驻地网

图 1-10　水平描述的网络结构

垂直描述是从功能上将网络分为信息应用、业务网和接入与传送网,如图 1-11 所示。

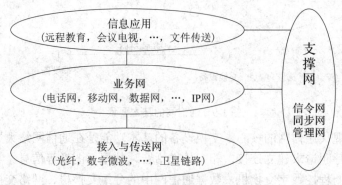

图 1-11 垂直描述的网络结构

在垂直分层网络结构中,信息应用表示各种信息应用与服务总类,业务网表示支持各种信息服务的业务提供手段与装备,接入与传送网表示支持业务网的各种接入与传送手段和基础设施。这使得各种通信技术与通信网络有机地融合,并能清晰地显现各种通信技术在网络中的位置和作用。支撑网用以支撑全部三个层面的工作,提供保证通信网正常运行的各种控制与管理能力。传统的支撑网包括信令网、同步网与管理网。

1.3.2 信息应用概述

在现代通信系统中,不管采用什么样的传送网结构以及什么样的业务网承载,最后真正的目的都是要为用户提供他们所需的各类通信业务,满足他们对不同业务服务质量的需求。因此,信息应用中的各种业务是直接面向用户的。

根据通信网络的分层结构,可以从信息应用的角度理解各应用层面所涉及的各种通信业务。通信业务主要包括模拟与数字视/音频业务(包括普通电话、IP 电话、移动电话、数字电话、可视电话、会议电视、广播电视、数字视频广播、点播电视、智能网等各种视/音频业务),数据业务(如文件传输、电子邮件、电子商务等),多媒体通信业务(如远程教学、可视电话、会议电视)等。

1. 音/视频业务及终端

1) 音/视频业务

音频信息主要是指由自然界中各种音源发出的可闻声和由计算机通过专门设备合成的语音或音乐。音频信号是随时间变化的连续信号,对音频信号的处理要求有比较强的时序性,即较小的延时和时延抖动。

视频信息即活动或运动的图像信息,它由一系列周期呈现的画面所组成,每幅画面称为一帧,帧是构成视频信息的最基本单元。视频信息具有直观、准确、具体、生动、高效、应用广泛、信息容量大等特点。

2) 终端

音频通信终端是通信系统中应用最广泛的一类终端,它可以是普通电话交换网络PSTN 的普通模拟电话机、IC 卡电话机,也可以是 ISDN 网络的数字话机,以及移动通信网的移动手机。

视频通信终端，如各种电视摄像头、多媒体计算机用摄像头、视频监视器以及计算机显示器、电视接收机等，如图 1-12～图1-17 所示。

图 1-12 普通模拟话机

图 1-13 IC 卡电话机

图 1-14 手机

图 1-15 摄像机

图 1-16 多媒体计算机用摄像头

图 1-17 视频监视显示屏

2. 数据通信业务及终端

1) 数据通信业务

数据是指能够被计算机或数字设备进行处理的、以某种方式编码的数字、字母和符号。利用电信号或光信号的形式把数据从一端传送到另外一端的过程称为数据传输。

相对于其他信息内容的数字通信，数据通信比其他通信业务拥有更为复杂、严格的通信协议；对于视 / 音频业务实时性要求低，可采用存储转发方式工作；对于视 / 音频业务差错率要求高，必须采用严格的差错控制措施。

2) 数据终端

数据终端即数据通信终端，是指置于数据通信系统的源点和终点的数据信息的发送和接收装置，如电传打字机与打印机、个人计算机、专用终端 (如销售点终端 POS 机、信用卡确认设备、自动柜员机、计算机辅助设计终端 CAD 设备)，如图 1-18～图 1-21 所示。

图 1-18 个人计算机

图 1-19 打印机

图 1-20 POS 机　　图 1-21 ATM 机

3. 多媒体通信业务及终端

1) 多媒体通信业务

多媒体技术是一种能同时综合处理多种信息，并在这些信息之间建立逻辑关系，使其集成为一个交互式系统的技术。多媒体的关键特性在于信息载体的多样性、交互性和集成性。

多媒体技术主要用于实时地综合处理声音、文字、图形、图像和视频等信息，将这些多种媒体信息用计算机集成在一起同时进行综合处理，并把它们融合在一起。

在多媒体通信业务中，信息媒体多种多样，数据量巨大，这就要求多媒体通信系统传输带宽或传输速率高，必要时，还要采用有效的信息压缩技术。

多媒体通信的实时性要求很严格。在实际中，影响多媒体通信实时性的因素包括网络速率、通信协议、语音处理（包括采样、编码、打包、传输、缓冲、拆包、译码）等因素。对于多媒体通信，由于媒体之间特性不一致，必须采用不同的传输策略。例如，采用服务质量描述，对语音采用短延迟、且延迟变化小的策略，对数据则采用可靠保序的传输策略。

2) 多媒体终端

(1) 多媒体计算机终端。多媒体计算机终端要求能处理速率不同的多种媒体，能灵活地完成各种媒体的输入 / 输出、人机界面接口等功能。目前，微型计算机已成为多媒体终端的主要开发和应用平台。以微机为核心，向外延伸出多媒体信息处理、输入 / 输出、通信接口等部分的终端设备可作为实现视频、音频、文本的通信终端，如进行不同的配置就可实现可视电话、会议电视、可视图文、Internet 等终端的功能，如图 1-22 和图 1-23 所示。

图 1-22　可视电话　　　　　　图 1-23　网络电视机顶盒

(2) 机顶盒。开展交互视 / 音频业务所用的多媒体终端多为机顶盒终端。

(3) 可视电话终端。可视电话终端可实时传输视频、音频和数据等多媒体内容。

(4) 电视会议系统。利用数字视频技术，通过传输信道提供不同地点的多个用户，以电视方式举行面对面的远程会议。

(5) 多媒体智能手机。多媒体智能手机具备媒体信息处理能力，可以完成音乐及电影播放、拍照及摄录视频短片等多媒体应用。结合 3G 通信网络支持，智能手机发展成为一个功能强大，集通话、短信、网络接入、影视娱乐于一体的综合性个人手持终端设备。

1.3.3　业务网概述

业务网表示为支持各种信息服务的业务提供网络。业务是向用户提供基本的话音、数据、多媒体业务，在传送网的节点上安装不同类型的节点设备，则形成不同类型的业务网。

业务网包括电话网、数据网、智能网、移动网、IP 网等，可分别提供不同的业务 (见表 1-2)。其中，交换设备是构成业务网的核心要素，它的基本功能是完成接入交换节点链路的汇集、转接接续和分配，实现一个用户和它所要求的另一个用户或多个用户之间的路由选择的连接。交换设备的交换方式可以分为两大类：电路交换方式和分组交换方式。

表 1-2　业务网的分类

业务网	主要提供业务	节点交换设备	节点交换技术
公用电话交换网(PSTN)	普通电话业务	数字电话程控交换机	电路交换
分组交换网(CHINAPAC)	X.25低速(＜64 kb/s)数据业务	分组 X.25 交换机	分组交换
帧中继网(CHINAFRM)	租用虚拟电路(局域网互连等)	帧中继交换机	分组交换
数字数据网(DDN)	数据专线业务	数字交叉连接复用设备	电路交换
计算机IP网(CHINANET)	数据、IPTV、IP 电话	路由器	分组交换
ATM 网	数据	ATM 交换机	ATM 交换
智能网(IN)	智能业务	业务控制点(SCP) 业务交换点(SSP)	电路交换
移动通信网	移动话音 移动数据	移动交换机	电路交换 分组交换

1.3.4　接入与传送网概述

接入与传送网是指支持业务网的各种接入与传送手段和基础设施，包括同步数字传送网、光纤通信、无线通信和综合业务接入网。

从物理实现角度看，接入与传送网技术包括传输介质、传输系统、传输节点设备以及接入设备技术等。

1. 传输介质

信息需要在一定的物理介质中传播，将这种物理介质称为传输介质。传输介质是传递信号的通道。

传输介质分为有线和无线两种。

有线介质是指电磁信号在某种传输线上传输，如双绞线电缆、同轴电缆、光纤，如图1-24～图 1-26 所示。

图 1-24　双绞线　　　　　　　　　　图 1-25　同轴电缆

图 1-26　光纤

无线介质是指电磁信号在自由空间中传播，如微波通信、卫星通信，如图 1-27 和图 1-28 所示。

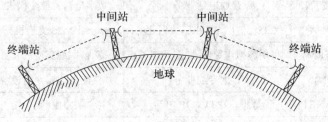

图 1-27　微波中继通信

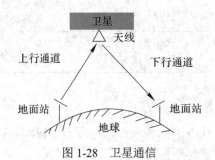

图 1-28　卫星通信

2. 传输系统

传输系统包括传输设备和传输复用设备。

携带信息的基带信号一般不能直接加到传输媒介上进行传输，需要利用传输设备将它们转换为适合在传输媒介上进行传输的信号。传输设备主要有微波收发信机、卫星地面站收 / 发信机、光端机等。

3. 传输复用设备

为了在一定传输媒介中传输多路信息，需要有传输复用设备将多路信息进行复用与解复用。

目前，传输复用设备可分 3 大类：

(1) 频分复用技术。多路信号调制在不同载频上进行复用，如有线电视、无线电广播等。

(2) 时分复用技术。多路信号占用不同时隙进行复用，如同步数字体系 (SDH) 技术、脉冲编码调制复用技术 (PCM)。

(3) 波分复用技术。多路信号占用不同光波长进行复用，如光纤的波分复用。

4. 传输节点设备

传输节点设备包括配线架、电分插复用器 (ADM)、光分插复用器 (OADM)、光交叉

连接器 (OXC) 等。

5. 接入设备

接入设备主要解决由业务节点到用户驻地网之间的信息传送，根据采用技术的不同，有多种宽带类型，如非对称数字用户环路 (ADSL) 接入、无源光网络 (PON) 接入、光纤到楼 (FTTB)＋局域网 (LAN) 接入、无线局域网 (WLAN) 接入、混合光纤同轴电缆 (HFC) 接入等。接入的设备主要有 2/3 层交换机、有线 / 无线路由器、光网络单元 (ONU)、OLT(光线路终端)、电缆调制解调器 (CM)、无线 AP 等。

本 章 小 结

现代通信网可以从不同的角度进行划分。从物理连接水平划分，通信网可分为用户驻地网、接入网、核心网，其中核心网包括传输网与交换网；从垂直结构上，按功能划分，通信网又可划分为信息应用、业务网、接入与传送网。

本章从通信网的垂直划分，对每一个层次都进行了简要的概述。信息应用是指面向用户的应用，通信业务主要分为音 / 视频业务、数据和多媒体通信业务。业务网主要表示支持各种信息服务的业务提供网络。业务是向用户提供基本的话音、数据、多媒体业务，在传送网的节点上安装不同类型的节点设备，则形成不同类型的业务网。业务网包括电话网、数据网、计算机 IP 网、移动通信网等。接入与传送网表示支持业务网的各种接入与传送手段和基础设施，包括同步数字传送网、光纤通信、无线通信和综合业务接入网等。

习　　题

1. 通信网的基本结构有哪几种？各有什么优、缺点？
2. 什么是通信系统？其基本模型是什么？
3. 现代通信网的分层结构及各层的作用是什么？
4. 一个完整的通信网包括哪两个部分？
5. 什么是数据业务？
6. 多媒体的关键特性是什么？
7. 举例说明通信业务包括哪些内容。

第2章 电 话 网

2.1 电话网概述

电话网是传递电话信息的电信网，是可以进行交互型话音通信、开放电话业务的电信网。最早的电话通信形式只是两部电话机中间用导线连接起来，但当某一地区电话用户增多时，要想使众多用户相互间都能两两通话，便需设一部电话交换机，由交换机完成任意两个用户的连接，这时便形成了一个以交换机为中心的单局制电话网。在某一地区（或城市），随着用户数继续增多，便需建立多个电话局，然后由局间中继线路将各局连接起来，形成多局制电话网。

电话网包括本地电话网、长途电话网、国际电话网等多种类型。它是业务量最大、服务面最广的电信网。

电话网经历了由模拟电话网向综合数字电话网的演变。除了电话业务，电话网还可以兼容许多非电话业务。因此电话网可以说是电信网的基础。

2.1.1 电话网的组成

电话通信网是建立最早、发展规模最大的通信网，它曾是通信网的主体，是各电信网络运营商的基础网络。电话通信网由终端设备、传输设备、交换设备及互联互通的通信协议组成。传统电话网基本结构如图 2-1 所示。

图 2-1　传统电话网基本结构

最简单的终端设备是电话机，电话机的基本功能是完成声 / 电转换和信令功能，将人的话音信号转换为交变的话音电流信号并完成简单的信令功能。

传输设备的功能是将电话机和交换机、交换机与交换机连接起来。在电话网中，传输系统包括用户线和中继线。用户线负责在电话机和交换机之间传递信息，而中继线则负责在交换机之间进行信息的传递。传输介质可以是有线的也可以是无线的，传送的信息可以是模拟的也可以是数字的，传送的形式可以是电信号也可以是光信号。常用的传输设备有电缆、光纤等。

电话网中的交换设备称为电话交换机，主要负责用户信息的交换。它要按用户的呼叫要求给两个用户之间建立交换信息的通道，即具有连接功能。此外，交换机还具有控制和监视的功能。比如，它要及时发现用户摘机、挂机，还要完成接收用户号码、计费等功能。

2.1.2 传统电话网——公众交换电话网 PSTN 结构

PSTN 是世界上规模最大、覆盖最广的电信业务网，它丰富的网络资源有力地支持了其他电信业务的发展。电话网 PSTN 由电话交换设备、传输链路、电话机等设备组成，主要用于语音通信。PSTN 按服务范围分为本地电话网和长途电话网。我国电话网分为三级，长途网两级、本地网一级。

1. 本地电话网

本地电话网是指在同一长途编号区内的网络，由端局 (DL)、汇接局 (TM)、中继线、用户线和话机组成。本地电话网结构如图 2-2 所示。

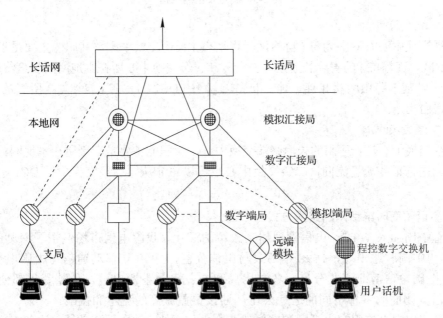

图 2-2　本地电话网结构

本地网交换中心的职能如下：

(1) 端局通过用户线与用户相连，疏通本局用户的去话和来话话务；

(2) 汇接局与所管辖的端局相连，疏通端局间的话务；

(3) 汇接局与其他汇接局相连，疏通汇接区间端局话务；

(4) 汇接局与长途交换中心相连，疏通本汇接区的长途转话话务。

2. 长途电话网

长途电话网简称长话网，由长途交换中心、长市中继和长途线路组成，国内长途交换中心分为两个等级，其中汇接全省转接（含终端）长途话务的交换中心为省级中心，用 DC1 表示；汇接本地网长途终端话务的交换中心用 DC2 表示。我国固定长话网结构如图 2-3 所示。

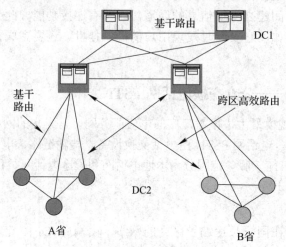

图 2-3 固定长话网结构

1) 一级交换中心

一级交换中心 (DC1) 为省（自治区、直辖市）长途交换中心，其职能主要是汇接所在省（自治区、直辖市）的省际长途来、去话务和一级交换中心所在本地网的长途终端话务。DC1 之间以基干路由网状相连。地（市）本地网的 DC2 与本省（自治区）所属的 DC1 均以基干路由相连。

2) 二级交换中心

二级交换中心是长途网的长途终端交换中心，其职能主要是汇接所在本地网的长途终端话务。根据话务流量流向，二级交换中心也可以与非从属一级交换中心 DC1 建立直达电路群。

3. 多运营商时电话网的组网方式

随着中国加入 WTO、电信管理体制改革的深化，我国电信市场发生了深刻的变化。1994 年初中国联通出现，1998 年邮政与电信分营，1999 年移动通信与中国电信脱离，2002 年中国电信南北正式分离，各专用局和专业平台不断出现，种种变化都使目前的中国电信集团面对各种不同的运营公司，迎接日益激烈的竞争和挑战。

我们把中国电信现有电话网和其他运营商电信网络（如中国移动通信网等）的网间互联物理接口点称为互联点 (POI)。互联点两侧的交换机作为网间互联的关口局 (GW)，承担网间核账的功能。

各种移动通信公司、专用网、IP 电话经营公司不断出现，其容量也不断扩大，网间互联因此越来越重要。如果连接方法仍是固定网的市话汇接局和长途局与移动网、其他 IP 经营网等直接相连的方式，不仅浪费传输电路（电路利用率不高），也不利于将来网络结构的调整，且网络结构复杂不清晰，对网间维护和管理带来很大的不便。此外，由于电信固定网的市话汇接局没有对所有呼叫本地移动电话和移动电话呼叫固定电话进行详细计费，因而固定网与移动网的业务核算无法准确进行。基于以上项目，必须要建立固定网的接口局。

网间接口局的建设将为中国电信从垄断经营迈向竞争市场打下坚实的基础，使中国电信网与其他网络之间的结算做到有据可依、公平合理。建立接口局后本地网的组网方案如图 2-4 所示。

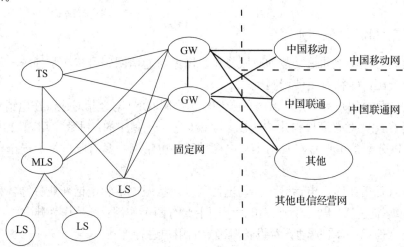

LS—端局；TS—长途局；MLS—汇接局；GW—网关。

图 2-4   本地网与其他运营商组网方案示意图

2.1.3   电话网的路由选择

进行通话的两个用户经常不属于同一交换中心，当用户有呼叫请求时，在交换中心之间要为其建立起一条传送信息的通道，这就是路由 (Route)。路由选择也称选路，是指一个交换中心呼叫另一个交换中心时，在多个可传递信息的途径中进行选择，对一次呼叫而言，直到选到了目标局，路由选择才算结束。电话网路由的分类方法如下：

(1) 按呼损情况，可将路由分为高效路由和低呼损路由。所谓高效路由，就是该路由上的呼损会超过规定的呼损指标，其话务量必然会溢出到其他路由上。所谓低呼损路由，就是指组成该路由的电路群的呼损不大于规定的标准。

(2) 按路由选择，可将路由分为直达路由、迂回路由、多级迂回路由和终端路由。所谓多级迂回路由，就是多次更换选择的迂回路由。所谓终端路由，就是只完成终端话务的路由。

(3) 按连接两个交换中心在网中的地位，可将路由分为基干路由、跨区路由和跨级路由。基干路由是构成网络基干结构的路由，是特定交换中心之间所构成的路由。基干路由上的电路群的呼损不大于 1%，其话务量不应溢出到其他路由上。

不论采用什么方式进行选路，都应遵循一定的基本原则，主要有以下几个方面：

(1) 要有明确的规律和顺序，确保信息传输的质量及可靠性；

(2) 路由选择链路应尽量少；

(3) 能在低等级网络中疏通的话务量，尽量不在高等级交换中心疏通。

本地网中继路由选择规则主要有：选择顺序为先选直达路由，后选迂回路由，最后选基干路由；每次接续最多可选择三个路由；端局与端局间最多经过两个汇接局，中继电路最多不超过三段。

电话网长途路由的选择原则：先选高效直达路由；当高效直达路由忙时，选迂回路由，选择顺序是自远而近，即先在被叫端自下而上选择，然后在主叫端自上而下选择；最后选择最终路由。

2.1.4 电话网的编号计划

通信网码号是实现通信功能的有限资源，国家对通信网码号资源实行统一规划、集中管理、合理分配，实行有偿使用制度。

电话网的每个用户都分配了唯一的一个电话号码 (DN) 与之相对应，在电话交换机上有一个设备码 (EN)。对普通模拟用户，DN 与 EN 是一一对应的；对数字用户 (ISDN 用户)，一个 EN 可以分配多用户号码 (MSN)。电话号码在电话网中具有唯一性，一个电话号码标识一个电话用户。

编号方式是指在固定电话网、移动电话网以及特服电话和电话新业务等各种呼叫中所规定的号码编排方案。电话号码在电话网中主要有两个作用：一是作为建立主叫到被叫路由连接的地址信息；二是驱动计费设备对确定的用户进行计费。

1. 固定电话网的编号原则

(1) 兼顾远、近期的业务发展需要。编号应合理安排，既要考虑节约使用电话号码资源，也要依据业务预测和网络规划考虑号码长度与电话容量、话务量的关系，留有一定的备用号码，一般情况下，对用户放号后不能轻易改号。

(2) 编号应具有规律性，便于用户记忆和使用，如特服业务号码不能太多，目前过多的特服号码需要进行整合。

(3) 编号方案应符合国际电信联盟 (ITU-T) 的规范。

(4) 本地电话网的编号原则上采用等位编号，在过渡时期内允许号长相差一位。

(5) 长途编号采用开放、不等位编号方式，我国长途电话号码位长不超过 11 位。

2. 固定电话网的编号方案

1) 字冠和首位号码分配

"00" 为国际自动电话字冠；

"0" 为国内长途全自动电话字冠；

"1" 为长途、本地特服业务号码或话务员座席群号码的首位号码；

"2 ~ 9" 为本地电话号码的首位号码。

2) 本地网电话编号方案

(1) 本地网电话号码长度一般采用 7 ~ 8 位制编号。目前，规定本地电话网号码长度不能超过 8 位。

(2) 特服业务号码。国家规定的特服业务号码是 1××，其中 × 的数值范围是 0 ~ 9。这些特服号码为电话用户提供特殊服务项目，为了缩短接续时间，便于记忆，特服业务号码一般都很简短，且全国统一，见表 2-1。

表 2-1 特服业务号码示例

号 码	名 称	号 码	名 称
110	匪警	10000	中国电信客户服务电话
12117	报时	10086	中国移动客户服务电话
119	火警	10010	中国联通客户服务电话
120	急救	10060	中国网通客户服务电话
121	天气预报	11185	中国邮政客户服务电话
119	火警	17900 17901	中国电信 IP 接入电话
122	交通事故、交警	17910 17911	中国联通 IP 接入电话
168	信息服务台	17950 17951	中国移动 IP 接入电话
12348	法律服务专线	17960 17961	中国网通 IP 接入电话
12315	消费维权投诉电话	12345	政府投诉专线

3) 国内长途电话编号方案

国内长途电话号码由 3 部分组成:

国内长途字冠(0)	长途区号(2～3位)	本地网电话号码(7～8位)

国内长途字冠固定为 "0",表示此次呼叫是国内长途电话。

长途区号是长途电话用户所在长途交换中心城市的地区代码,一个长途区号的服务范围就是一个本地网。我国长途区号采用不等位固定编号方案:

(1) 首都北京,长途区号为 2 位号码,编号为 "10";

(2) 大区中心、大城市等长途区号为 2 位号码,编号为 "2×",× 的数值范围是 0 ～ 9,共 10 个号码,分配给上海、天津、广州等 10 个大城市。如上海为 "21"、广州为 "20"。这些城市本地网电话号码为 8 位。

(3) 省中心、地区本地网等长途区号为 3 位号码,编号为 "$\times_1\times_2\times_3$",其中 $\times_1$ 为 3 ～ 9,$\times_2$ 和 $\times_3$ 为 0 ～ 9。这些城市本地网电话号码为 7 位。

4) 国际长途电话编号方案

国际长途电话号码由 3 部分组成:

国际长途字冠(00)	国家号码(1～3位)	国内有效号码(9～10位)

我国规定国际长途字冠固定为 "00",表示此次呼叫是国际长途电话。

国家号码的编排,根据 ITU-T 建议,世界各地分为若干个编号区,每个编号区分配 1 位号码。各编号区内的国家号码首位为编号区号。编号区 1 为北美地区,如美国的国家号码为 "1";编号区 2 为非洲地区,如埃及的国家号码为 "20";编号区 3、4 为欧洲地区,如法国的国家号码为 "33";编号区 5 为南美地区,如古巴的国家号码为 "53";编号区 6 为南太平洋地区,如新加坡的国家号码为 "65";编号区 7 为苏联,如俄罗斯的国家号码为"7"；编号区 8 为北太平洋地区，如中国的国家号码为"86"；编号区 9 为中东地区，如印度的国家号码为"91"。国内有效号码为国内长途区号＋本地网电话号码。

2.1.5 电话信令网的组成与结构

1. 信令的概念

信令是各交换局在完成呼叫接续时的一种通信语言。例如，一个用户要打电话，必须先摘机，即由用户话机向交换局送出摘机信号；然后用户拨被叫号码，即送出拨号信号；如果用户挂机，则向交换局送出挂机信号。为了在通信网中向用户提供通信业务，在交换机之间要传送以呼叫建立和释放为主的各种控制信号，以呼叫控制为主的网络协议称为信令。信令方式是通信网中各个交换局在完成各种呼叫接续时所采用的一种通信语言，完成和实现各种信令方式就构成了电话网的信令系统。

2. 信令的分类

按照信令的作用区域不同，信令可以分为用户线信令和局间信令两种。用户线信令是用户和交换机之间的信令，在用户线上传输。

信令按功能可分为三种：第一种是反映用户话机摘、挂机状态的状态信号。这类信号是直流信号，由摘、挂机状态所决定。第二种是反映用户呼叫目的的拨号信号(数字信号)。它是由主叫用户拨号所决定的。拨号信号有两种形式：号盘话机的直流脉冲信号和多频按键话机的双音多频信号。第三种是由交换局发给用户的表示线路忙、闲状态的铃流和忙音等信号(拨号音、铃流、回铃音、忙音、催挂音等)。

局间信令是电信网中各个交换节点之间传送的信令。更广义地说，局间信令可以是电信网中各个网元之间传送的信令。局间信令按技术或传送方式又可分为随路信令和公共信道信令两种方式。

1) 随路信令方式

所谓随路信令(CAS)方式就是指信令和话音在同一条通路上传送。信令主要用于建立用户之间的连接，即对某一信道而言，在话路连接建立前传送的是信令，在话路连接建立后传送的就是话音。随路信令系统如图 2-5 所示。

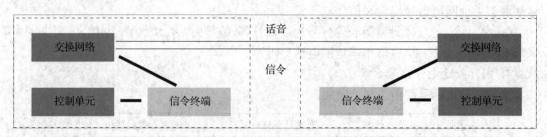

图 2-5 随路信令系统

2) 共路信令方式

共路信令方式是指信令通路和话音通路分离，信令通过专用的信令链路(CCS)传送的信令方式。目前，在我国通信网中广泛采用的是 ITU-T NO.7 信令方式。共路信令系统如图 2-6 所示。

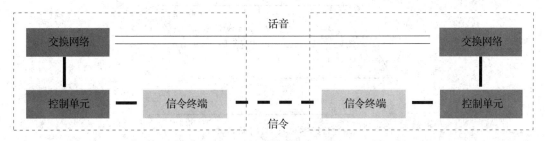

图 2-6 共路信令系统

NO.7 信令方式是一种在国际上通用的、标准的公共信道信令系统，又称共路信令。在实际应用中，一条 CCS 可控制几千条中继线。

NO.7 信令方式有如下特点：

(1) 信令传递速度快：通常速率为 64 kb/s。

(2) 信令容量大：一条信令数据链路可以传送几百甚至上千条话路的信令，以完成呼叫的建立和释放。

(3) 灵活性大：能改变和增加信令内容。

(4) 可靠性高：一方面对信令内容有检错和纠错功能，一旦发现差错，可要求重发；另一方面一旦信令链路发生故障，可倒换至备用链路。

(5) 适用范围广：NO.7 信令系统不仅适用于电话网及数据网，而且适用于综合业务数字网。

(6) 具有提供网络集中服务的功能：NO.7 信令系统可以在交换局和各种特种业务服务中心 (如运行、管理、维护中心) 和业务控制之间传递与电路无关的数据信息，以实现网络的运行、管理、维护和提供多种用户补充服务。

3. NO.7 信令

1) NO.7 信令概念

我国 NO.7 信令网的基本组成部件有信令点 (SP)、信令转接点 (STP) 和信令链路 (SL)。

信令点：SP 是处理控制消息的节点，产生消息的信令点为该消息的起源点，消息到达的信令点为该消息的目的地节点。任意两个信令点，如果它们的对应用户之间 (例如电话用户) 有直接通信，就称这两个信令点之间存在信令关系。

信令转接点：STP 具有信令转发功能，将信令消息从一条信令链路转发到另一条信令链路的节点称为信令转接点。信令转接点分为综合型和独立型两种。综合型 STP 是除了具有消息传递部分 (MTP) 和信令连接控制部分 (SCCP) 的功能外，还具有用户部分功能 (例如 TUP/ISUP、TCAP、INAP) 的信令转接点设备；独立型 STP 是只具有 MTP 和 SCCP 功能的信令转接点设备。

信令链路 (SL)：在两个相邻信令点之间传送信令消息的链路称为信令链路。

信令链路组：直接连接两个信令点的一束信令链路构成一个信令链路组。

信令路由：承载指定业务到某特定目的地信令点的链路组。

信令路由组：载送业务到某特定目的地信令点的全部信令路由。

当电信网络采用 NO.7 信令系统之后，将在原电信网上，寄生并存在一个起支撑作用的专门传送 NO.7 信令系统的信令网——NO.7 信令网。电信网与信令网关系如图 2-7 所示。

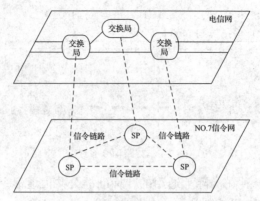

图 2-7　电信网与 NO.7 信令网关系

2) TUP 信令流程

下面以典型的市话呼叫 (TUP) 信令过程来说明，采用 TUP 信令完成呼叫接续的基本流程。

(1) 呼叫市话用户信令流程。市话用户之间的呼叫为主叫控制复原方式，当主叫用户先挂机时，通话电路会立即释放，总共双向传送 5 个 TUP 消息；当被叫用户先挂机时，通话电路不会立即释放，超过再应答时延 (一般为 90 秒) 后，通话电路才会释放复原，总共双向传送 6 个 TUP 消息。所以说，一次成功的 TUP 信令市话呼叫平均需双向传送 5.5 个 TUP 消息。TUP 信令市话呼叫流程如图 2-8 所示。

(2) 呼叫特服信令流程。呼叫 119、110 为被叫控制复原方式，当主叫用户先挂机时，应发送 CCL 消息，此消息仅仅表示主叫挂机，并不拆除通话电路。主叫局必须等到被叫用户挂机的 CBK 消息到来后，才发送 CLF 消息，通话电路才会释放复原。TUP 信令 119、110 呼叫流程如图 2-9 所示。

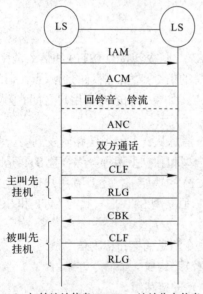

IAM—初始地址信息；ACM—地址收全信息；
ANC—应答信号计费；CLF—拆线信号；
RLG—释放监护信号；CBK—挂机信号。

图 2-8　TUP 信令市话呼叫流程

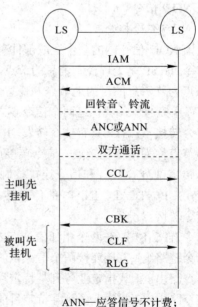

ANN—应答信号不计费；
CCL—主叫用户挂机信号。

图 2-9　TUP 信令 119、110 呼叫流程

(3) 追查恶意呼叫信令流程。恶意呼叫追查是一项电话新业务,这个功能对于采用随路信令的呼叫很难实现,而对于 TUP 信令电话呼叫可以利用 GRG、GSM 消息实现。

经汇接接续时的恶意呼叫追查信令过程如图 2-10(a) 所示。被叫局收到 IAM 消息,分析、查找用户数据,发现该用户登记了追查恶意呼叫功能时,就通过 GRQ 消息获得主叫号码。在双方通话阶段,被叫用户只要按规定按下 R 键,交换机就会输出恶意呼叫追查的报告,通过查找显示或打印的报告可以获得主叫号码。

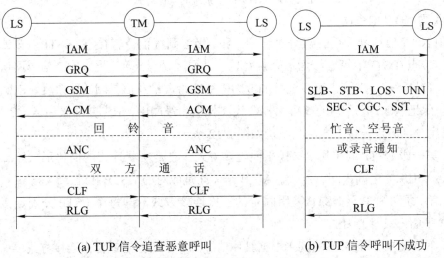

(a) TUP 信令追查恶意呼叫   (b) TUP 信令呼叫不成功

图 2-10 经汇接接续时的 TUP 信令呼叫

需要注意的是,发送 GRQ 后收不到 GSM,将导致前方交换局因收不到 ACM 而使呼叫失败。

(4) 不成功呼叫信令流程。TUP 信令电话呼叫不成功的原因有很多,主要有以下几个信令消息:SLB 表示用户市话忙;STB 表示用户长话忙;LOS 表示线路不工作;UNN 表示是空号;SEC 表示交换设备拥塞;CGC 表示电路群拥塞;SST 表示发送专用信息音等,如图 2-10(b) 所示。

3) NO.7 信令系统的工作方式

在电信网中,一般采用下列两种工作方式:

(1) 直联工作方式。两个交换局间的信令通过局间的专用直达信令链路来传送的方式称为直联工作方式,如图 2-11(a) 所示。

(2) 准直联工作方式。两个交换局间的信令消息需经过两段或两段以上串接的信令链路传送,也就是说,信令链路与两个交换局的直达话路群不在同一路由上,信令链路中间需经过一个或几个信令转接点 (STP),并且只允许通过预定的路径和信令转接点的方式称为准直联工作方式,如图 2-11(b) 所示。

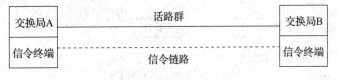

(a) 直联工作方式

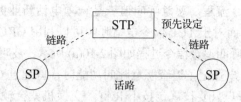

(b) 准直联工作方式

图 2-11　NO.7 信令系统的工作方式

4. 我国 NO.7 信令网

我国 NO.7 信令网采用三级等级结构：第一级为高级信令转接点 (HSTP)；第二级为低级信令转接点 (LSTP)；第三级为信令点 (SP)。其原因是考虑到我国 NO.7 信令网所要容纳的信令点数量、信令转接点可以连接的最大信令链路数量及信令网的冗余度。

为了保证 NO.7 信令网的高可靠性，我国长途三级网中，HSTP 间采用 A、B 平面网，LSTP 采用分区固定连接方式，其结构如图 2-12 所示。

(1) 第一级 HSTP 间采用 A、B 平面连接方式，它是网状连接的简化形式。A 和 B 平面内部各个 HSTP 之间是网状连接，A、B 平面间是成对的 HSTP 相连。

(2) 第二级 LSTP 至 HSTP 采用固定的汇接连接方式，即每个 LSTP 分别连接到分布在 A、B 平面内成对的 HSTP。

(3) 第三级 SP 至 LSTP 的连接根据具体情况可以采用固定或自由连接方式。

(4) 每个 SP 至少应连接至两个 STP(HSTP 或 LSTP)，若连接至 HSTP，应分别固定连接至 A、B 平面内成对的 HSTP。

(5) 大、中城市本地 NO.7 信令网原则上应采用二级信令网，它相当于我国三级信令网的第二级 LSTP 和第三级 SP。

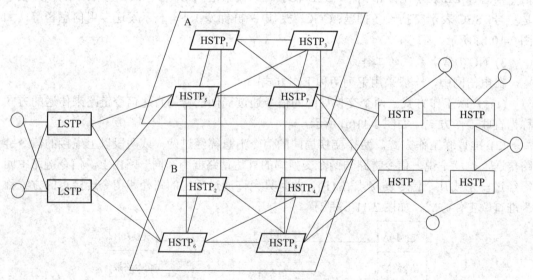

图 2-12　我国 NO.7 信令网结构

5. 信令网的信令点编码

1) 信令网的信令点编码的必要性

NO.7 信令系统的信令点寻址采用图 2-13 所示的路由标记方法。详细的路由标记方法使信令点寻址很方便，可以根据 DPC 的编码进行寻址，但需要每个信令点分配一个编码。我国使用 24 位的信令点编码方式，编码容量为 2^{24}。

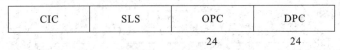

DPC—目的地信令点编码；SLS—信令链路选择；OPC—源点信令点编码；CIC—电路识别码。

图 2-13　信令点寻址的路由标记方法

2) 信令点编码的编号计划的基本要求

(1) 为便于信令网管理，国际和各国的信令网是彼此独立的，且采用分开的信令点编码的编号计划，其中国际采用的是 14 位的信令点编码方式。这样国际接口局的信令点由于同时属于国际和国内两个信令网，因此它们具有国际信令点编码计划 (Q.708 建议) 分配的和国内信令点编码的编号计划分配的两个信令点编码。

(2) 为便于管理、维护和识别信令点，信令点的编号格式应采用分级的编码结构，并使每个字段的编码分配具有规律性，以便当引入新的信令点时，信令点路由表修改最少。

3) 我国信令点编码的格式和分配原则

我国国内信令网采用 24 位全国统一编码计划，信令点编码格式如图 2-14 所示。

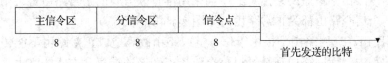

图 2-14　国内信令网信令点编码格式

(1) 每个信令点编码由三部分组成，第三个 8 位用来区分主信令区的编码，原则上以省、自治区、直辖市、大区中心为单位编排；第二个 8 位用来区分分信令区的编码，原则上以各省、自治区的地区、地级市及直辖市、大区中心的汇接区和郊县为单位编排；第一个 8 位用来区分信令点，国内信令网的每个信令点都按图 2-14 的格式分配给一个信令点编码。

(2) 主信令区的编码基本上按顺时针方向由小到大安排，目前只启用低 6 位。

(3) 分信令区的编码分配也应具有规律性，由小至大编排。对于中央直辖市和大区中心城市、国际局和国内长话局、各种特种服务中心 (如网管中心和业务控制点等) 以及高级信令转接点 (HSTP) 应分配一个分信令区编号。对于信令点数超过 256 个的地区，亦可再分配一个分信令区编号。目前分信令区的编码只启用低 5 位。

(4) 下列信令节点应分配给信令点编码：国际局，国内长话局，市话汇接局、端局、支局，农话汇接局、端局、支局，直拨 PABX，各种特种服务中心，信令转接点，其他 NO.7 信令点 (如模块局)。

6. 信令路由的分类

信令路由是指由一个信令点到达消息目的地所经过的各个信令转接点的预先确定的信令消息路径。

1) 信令路由的分类

信令路由按其特征和使用方法分为正常路由和迂回路由两类，如图 2-15 所示。

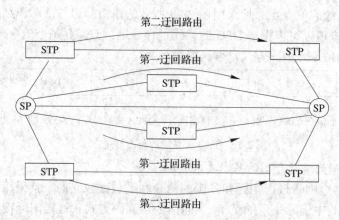

图 2-15　信令路由的分类示意图

(1) 正常路由。正常路由是指未发生故障的正常情况下信令业务流的路由，根据我国三级信令网结构和网络组织，正常路由主要分类如下：正常路由是采用直联方式的直达信令路由，当信令网中的一个信令点具有多个信令路由时，如果有直达的信令链，则应将该信令路由作为正常路由，如图 2-15 所示；正常路由是采用准直联方式的信令路由，当信令网中一个信令点的多个信令路由，都是采用准直联方式经过信令转接点转接的信令路由时，正常路由为信令路由中最短的路由。其中当采用准直联方式的正常路由是采用负荷分担方式工作时，两个信令路由都为正常路由，如图 2-16(b) 所示。

(2) 迂回路由。迂回路由是指由于信令链或路由故障造成正常路由不能传送信令业务流时而选择的路由。迂回路由都是经过信令转接点转接的准直联方式的路由，迂回路由可以是一个路由，如图 2-16(a) 所示，也可以是多个路由。当有多个迂回路由时，应该按照路由经过信令转接点的次数，由小到大依次分为第一迂回路由、第二迂回路由等，如图 2-15 所示。

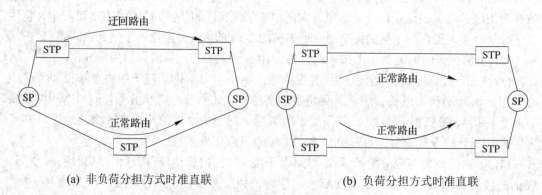

(a) 非负荷分担方式时准直联　　　　　　　　(b) 负荷分担方式时准直联

图 2-16　准直联方式的正常路由

2) 信令路由选择的一般规则

(1) 首先选择正常路由。当正常路由因故障不能使用时，再选择迂回路由，如图 2-17 所示。

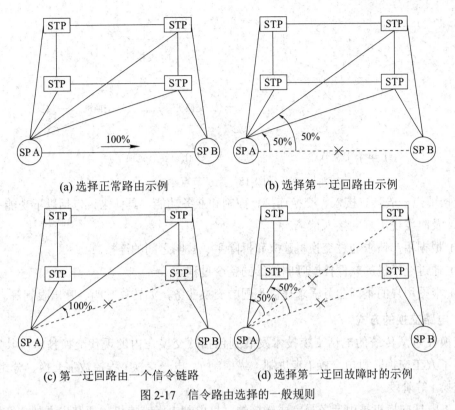

(a) 选择正常路由示例   (b) 选择第一迂回路由示例

(c) 第一迂回路由一个信令链路   (d) 选择第一迂回故障时的示例

图 2-17 信令路由选择的一般规则

(2) 信令路由中具有多个迂回路由时，首先选择优先级最高的第一迂回路由，当第一迂回路由因故障不能使用时，再选择第二迂回路由，依次类推。

在正常或迂回路由中，可能存在多个同一优先等级的路由 (N)，若它们之间采用负荷分担方式，则每个路由承担整个信令负荷的 1/N；若采用负荷分担方式的某个路由中的一个信令链路组发生故障时，应将信令业务倒换到其他信令链路组上去；若采用负荷分担方式的一个路由发生故障时，应将信令业务倒换到其他路由。

2.2 数字电路交换技术

2.2.1 数字电路交换系统简介

1. 交换机的引入

两用户需要通话，如果把用户直接相连，当用户数为 N 时，所需的互连线对数为 $N(N-1)/2$。引入交换机后，每个用户只要接入到一个交换机，就能与世界上的任一用户通话。当用户分布的区域较小时，可以设置单个交换节点，所有用户都连接到该交换节点的交换机上，由节点交换机控制任意用户之间的接续，如图 2-18(a) 所示。当用户分布的区域较广时，就要设置多个交换节点，用户与就近交换节点的交换机相连，交换机之间通过中继线连接，如图 2-18(b) 所示。

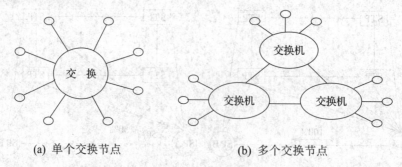

(a) 单个交换节点　　　　　　　(b) 多个交换节点

图 2-18　交换节点

交换节点一般具有接入、交换连接、控制和业务功能，具体来讲包括以下功能：

(1) 及时发现用户的接入请求。

(2) 根据用户请求通过交换机建立和拆除主、被叫之间的连接。

(3) 通过交换机的软件控制呼叫接续的整个过程。

(4) 根据用户的不同业务需求提供不同的交换业务，如转移呼叫、呼出限制等。

2. 电路交换的方式

交换技术从传统的电话交换技术发展到包括软交换在内的现代交换技术，其发展大致经历了人工交换、机电交换 (步进制、纵横制)、电子交换 (程控数字交换、分组交换、宽带交换) 等阶段。

人工电话交换机是由话务员完成转接的。机电制电话交换机主要有步进制交换机和纵横制交换机。程控交换机可分为模拟程控交换机和数字程控交换机。模拟程控交换机的控制部分采用计算机控制，而话路部分传送和交换的仍然是模拟的话音信号。

数字程控交换机的控制部分采用计算机，话路部分交换的是经过脉冲编码调制 (Pulse Code Modulation，PCM) 后的数字化的话音信号。数字交换机的交换网络是数字交换网络，用户话机发出的模拟话音信号在数字交换机的用户电路上要转换为 PCM 信号。数字程控交换机是数字通信技术、计算机技术与大规模集成电路相结合的产物。

数字程控交换机的主要优点如下：

(1) 能灵活地向用户提供多种新服务功能。

(2) 便于采用共路信令系统。

(3) 体积小，重量轻，功耗低，可靠性高。

(4) 操作维护管理自动化。

3. 电路交换的特点

电话交换一般采用电路交换方式。电路交换方式是指两个用户在相互通信时使用一条实际的物理链路，在通信过程中自始至终使用该条链路进行信息传输，并且不允许其他计算机或终端同时共享该链路的通信方式。

电路交换属于电路资源预分配系统，即在一次接续中，电路资源预先分配给一对用户固定使用，不管电路上是否有数据传输，电路一直被占用着，直到通信双方要求拆除电路连接为止。

电路交换的特点如下：

(1) 在通信开始时要首先建立连接。

(2) 一个连接在通信期间始终占用该电路，即使该连接在某个时刻没有信息传送，该电路也不能被其他连接使用，电路利用率低。

(3) 交换机对传输的信息不作处理，对交换机的处理要求简单，但对传输中出现的错误不能纠正。

(4) 一旦连接建立以后，信息在系统中的传输时延基本上是一个恒定值。

2.2.2　数字电路交换系统功能结构

1. 数字电路交换机的硬件基本组成

电路交换机的硬件系统由用户电路、中继器、交换网络、信令设备和控制系统组成。图 2-19 所示为电路交换机硬件结构图。

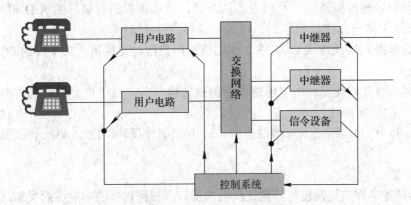

图 2-19　电路交换机硬件结构

(1) 用户电路。用户电路是交换机与用户话机的接口。

(2) 中继器。中继器是交换机与交换机之间的接口。

(3) 交换网络。交换网络用来完成任意两个用户之间、任意一个用户与任意一个中继器之间、任意两个中继器之间的连接。

(4) 信令设备。信令设备用来接收和发送信令信息。

(5) 控制系统。控制系统是交换机的指挥中心，接收各个话路设备发来的状态信息，各个设备应执行的动作，向各个设备发出驱动命令，协调各设备共同完成呼叫处理和维护管理任务。

交换节点可以控制以下呼叫类型：本局呼叫、出局呼叫、入局呼叫和转接呼叫。本局呼叫就是指本局用户之间的接续；出局呼叫就是指本局用户与出中继模块之间的接续；入局呼叫就是指入中继与本局用户的接续；转接呼叫就是指入中继与出中继之间的接续。交换节点的功能是通过节点交换机的硬件和软件实现的。

2. 数字电路交换系统的功能

1) 用户模块

数字电路交换系统用户模块用来连接用户回路，提供用户终端设备的接口电路，完成用户话务的集中和扩散，并且完成呼叫处理的低层控制功能。

模拟用户接口电话有七项基本功能，常用 B、O、R、S、C、H、T 这七个字母来表示。

B：馈电。为用户线提供通话和监视电流，程控数字交换机的额定电压为 -48 V 直流，用户线上的馈电电流为 18 ～ 50 mA。

O：高压和过压保护。程控数字交换机一般采用两级保护：第一级保护是总配线架保护；第二级保护是用户电路，通过热敏电阻和双向二极管实现。

R：振铃。由被叫侧的用户模块向被叫用户话机馈送铃流信号，同时向主叫用户送出回铃音。铃流信号规定为 (25±3)Hz、(75±15)V 正弦波，分初次振铃和断续振铃，断续振铃为 5 s 断续，即 1 s 续，4 s 断。

S：监视。通过扫描点监视用户回路通断状态，以检测用户摘机、挂机、拨号脉冲、过电流等用户线信号。

C：编译码。通过编译码器及相应的滤波器，完成模拟语音信号的 A/D 和 D/A 变换，可由硬件选择 A 律或 μ 律。

H：混合电路 (2/4 线转换)。完成 2 线的模拟用户线与交换机内部 4 线的 PCM 传输线之间的转换。

T：测试。通过软件控制用户电路中的测试转换开关，对用户可进行局内侧和外线侧测试。

除此之外，用户电路还具有增益控制，a、b 线极性反转，12/16 kHz 计次脉冲发送等其他功能。

2) 中继器

中继器是数字程控交换机与其他交换机的接口。根据连接的中继线的类型，中继器可分成模拟中继器和数字中继器两大类。

数字中继器是程控交换机和局间数字中继线的接口电路，它的入 / 出端都是数字信号。数字中继器的主要功能有：

(1) 码型变换和反变换。

(2) 时钟提取，从输入的 PCM 码流中提取时钟信号，用来作为输入信号的位时钟。

(3) 帧同步，在数字中继器的发送端，在偶帧的 TSO.插入帧同步码，在接收端检出帧同步码，以便识别一帧的开始。

(4) 复帧同步，在采用随路信令时，需完成复帧同步，以便识别各个话路的线路信令。

(5) 信令的提取和插入，在采用随路信令时，数字中继器的发送端要把各个话路的线路信令插入到复帧中相应的 TS16；在接收端应将线路信令从 TS16 中提取出来送给控制系统。

3) 信令设备

数字电路交换系统信令设备的主要功能是接收和发送信令。程控数字交换机中主要的信令设备有：

(1) 信号音发生器：用于产生各种类型的信号音，如忙音、拨号音、回铃音等。

(2) 双音多频 (DTMF) 接收器：用于接收用户话机发出的 DTMF 信号。

(3) 多频信号发生器和多频信号接收器：用于发送和接收局间的 MFC 信号。

(4) NO.7 信令终端：用于完成 NO.7 信令的第二级功能。

4) 控制部分

数字电路交换系统控制部分完成对话路设备的控制功能，由各种计算机系统组成，采用存储程序控制方式。

现代数字程控交换系统中，处理机的控制结构有分级控制方式、全分散控制方式和容量分担的分布控制三种方式。

(1) 分级控制方式。分级控制方式的基本特征在于处理机的分级，即将处理机按照功能划分为若干级别，每个级别的处理机完成一定的功能，低级别的处理机是在高级别的处理机指挥下工作的，各级处理机之间存在比较密切的联系。图 2-20 所示为 EWSD 分级控制方式图。

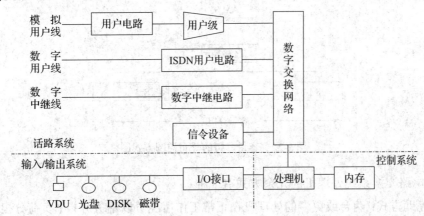

图 2-20　EWSD 分级控制方式图

(2) 全分散控制方式。在采用全分散控制方式时，将系统划分为若干个功能单一的小模块，每个模块都配备有处理机，用来对本模块进行控制。各模块处理机是处于同一个级别的处理机，各模块处理机之间通过交换消息进行通信，相互配合以便完成呼叫处理和维护管理任务。全分散控制方式的主要优点是可以用近似于线性扩充的方式经济地适应各种容量的需要，呼叫处理能力强，整个系统全阻断的可能性很小，系统结构的开放性和适应性强。其缺点是处理机之间通信量大而复杂，需要周密地协调各处理机的控制功能和数据管理。全分散控制结构的典型代表是 S1240 程控交换设备。图 2-21 所示为 S1240 全分散控制方式图。

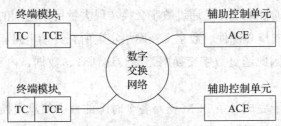

TC—终端电路；TCE—终端控制单元；ACE—辅助控制单元。

图 2-21　S1240 全分散控制方式图

(3) 容量分担的分布控制方式。这种结构介于上面两种结构之间。首先，交换机分为若干个独立的模块，这些模块具有较完整的功能和部件，相当于一个容量较小的交换局，每个模块内部采用分级控制结构，有一对模块处理机 (MP) 为主处理机，下辖若干对外围处理机，控制完成本模块用户之间的呼叫处理任务。这些模块也可以设置在远离母局交换机的地方，成为具有内部交换功能的远端模块。整个交换机可以由若干个模块构成，各模块通过通信模块 (Communication Module，CM) 互连。另外，还设置一个维护管理模块 (AM) 对整个交换机进行管理，并提供维护管理人员的接口。这是一种综合性能较好的控制结构，近年来得到了广泛应用。我国生产的几种大型局用交换机如 C&C08、ZXJ10 等都采用这种结构。图 2-22 所示为容量分担的分布控制方式图。图中，SM(Switch Module) 为交换模块。

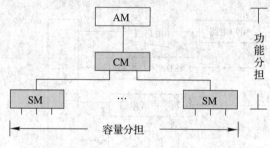

图 2-22　容量分担的分布控制方式图

数字电路交换系统处理机的冗余方式有 3 种。

(1) 互助方式：两台或更多的处理机在正常工作情况下以话务分担 (负荷分担) 的方式工作，每台处理机都只负责一部分的话务量，一旦一台处理机发生故障，则由其他的处理机来接管它的工作。

(2) 主 / 备用方式：在这种方式下，只有主用机在运行程序，进行控制，备用机与话路设备完全分离而作为备用状态，一旦主用机发生故障，进行主 / 备用转换，由备用机接替工作。

(3) $N+m$ 备用方式：在这种方式下，N 台处理机配备有 m 台备用机，当 N 台处理机中有一台发生故障时，都可以由 m 台备用机中的一台来接替其工作。

5) 数字交换网络

程控数字交换机的根本任务是通过数字交换实现大量用户之间的通话连接，数字交换网络是完成这一任务的核心部件。数字交换网络实现所有终端电路相互之间的联系，以及处理机之间的通信，因此通过数字交换网络能传送话音、数据、内部信令、数字信号音、内部和外部消息等。

数字交换网络用于完成各条 PCM 链路各个时隙的数字信息交换，包括空分交换和时分交换。程控数字交换机采用的数字交换网络主要有两种典型结构：一种是由数字交换单元 (DSE) 固定连接构成的数字交换网络；另一种是由时间接线器 (T 接线器) 和空间接线器

(S 接线器) 构成的数字交换网络。

(1) 基本交换单元。

① 数字交换单元 (DSE)。DSE 是数字交换网络的基本功能单元，同时兼有时分和空分交换功能。每个 DSE 有 16 个双向端口，每一端口分接收 (Rx) 和发送 (Tx) 两部分，形成一条双向 PCM 链路，16 个端口之间通过公用时分复用总线相连接，即每个 DSE 有 16 条 32 信道双向 PCM 链路，每个信道 16b，传输速率为 4.096 Mb/s。DSE 的基本结构如图 2-23 所示。

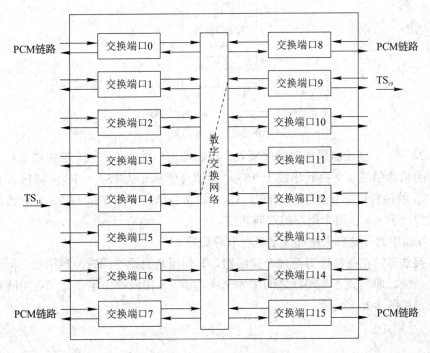

图 2-23　DSE 的基本结构

在图 2-23 中，通过 DSE 完成了端口 4(TS$_{11}$) 交换至端口 9(TS$_{19}$)。空分交换体现在端口 4 →端口 9，时分交换体现在 TS$_{11}$ → TS$_{19}$。

②T 接线器。时间接线器简称 T 接线器，其作用是完成一条时分复用线上的时隙交换功能。T 接线器主要由话音存储器 (Speech Memory，SM) 和控制存储器 (Control Memory，CM) 组成，如图 2-24 所示。

话音存储器用来暂存话音数字编码信息，每个话路为 8b。SM 的容量即 SM 的存储单元数等于时分复用线上的时隙数。控制存储器用来存放 SM 的地址码 (单元号码)，CM 的容量通常等于 SM 的容量，每个单元所存储的 SM 地址码是由处理机控制写入的。

就 CM 对 SM 的控制而言，T 接线器的工作方式有两种：一种是"顺序写入，控制读出"；另一种是"控制写入，顺序读出"。T 接线器的工作方式是指话音存储器的工作方式。至于控制存储器的工作方式正好与话音存储器的工作方式相反。

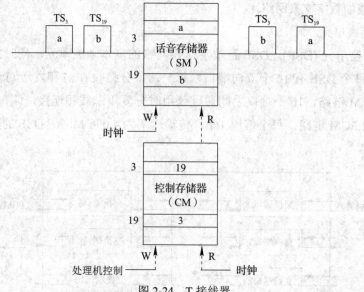

图 2-24　T 接线器

图 2-24 中，T 接线器采用"顺序写入，控制读出"的工作方式，T 接线器完成了把入线上 TS_3 的话音信息 a 交换到出线上 TS_{19}，即话音信息 a 从 $TS_3 \rightarrow TS_{19}$；同时，完成了把入线上 TS_{19} 的话音信息 b 交换到出线上 TS_3，即话音信息 b 从 $TS_{19} \rightarrow TS_3$。通过这两次时隙交换就实现了 A、B 两个用户的双向通信。

T 接线器中的存储器采用高速随机存取存储器。

③ S 接线器。空间接线器简称 S 接线器，其作用是完成不同时分复用线之间在同一时隙的交换功能，即完成各复用线之间空间交换功能。S 接线器由电子交叉点矩阵和控制存储器组成，如图 2-25 所示。

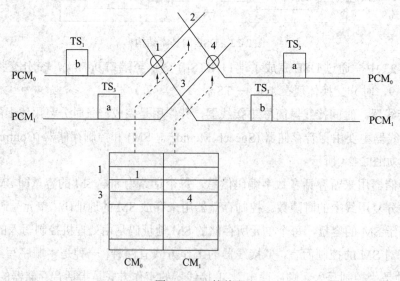

图 2-25　S 接线器

在 S 接线器中，CM 对电子交叉点的控制方式有两种：输入控制和输出控制。图 2-25 中 S 接线器采用输入控制方式，S 接线器完成了把话音信息 b 从入线 PCM_0 上的 TS_1 交换

到出线 PCM_1 上；同时完成了把话音信息 a 从入线 PCM_1 上的 TS_3 交换到出线 PCM_0 上。

可见，S 接线器完成 PCM 复用线之间的交换，但不能完成时隙交换。

S 接线器中的控制存储器采用高速随机存取存储器，电子交叉矩阵采用高速电子门电路组成的选择器来实现。

(2) 由 DSE 构成的数字交换网络。

大、中容量的程控数字交换机可采用由 DSE 固定连接构成的数字交换网络 (DSN)，DSN 完成时分交换和空分交换。例如，S1240 数字交换机的 DSN 是由 DSE 构成的单侧型数字交换网络，最多有四级，包括入口级和选组级，入口级采用单级 DSE，选组级采用 3 级 DSE，如图 2-26 所示。

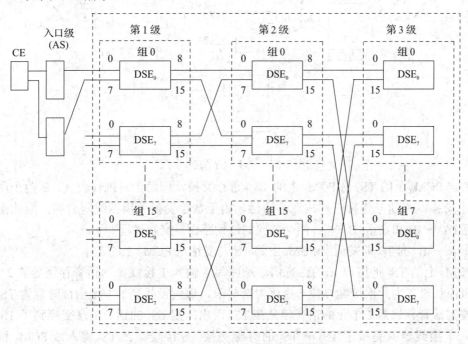

图 2-26　由 DSE 构成的数字交换网络

(3) 由 T、S 接线器构成的数字交换网络。

小容量的程控数字用户交换机的交换网络采用单级 T 或多级 T 接线器组成。大容量的程控数字交换机，可采用 TST、TSST，甚至级数更多的数字交换网络，它们的工作原理相似。

TST 交换网络由三级接线器组成，两侧为 T 接线器，中间为 S 接线器，其三级结构如图 2-27 所示。

TST 交换网络完成时分交换和空分交换，时分交换由 T 接线器完成，空分交换由 S 接线器完成。S 接线器的输入复用线和输出复用线的数量决定于两侧 T 接线器的数量。

在图 2-27 中，设 S 接线器为 8×8 交叉接点矩阵，入、出时分复用线复用度均为 32。TST 交换网络有 8 条 PCM 复用线，每条 PCM 复用线接至一个 T 接线器，其中输入 T 级 (A 级 T 接线器) 工作方式为"顺序写入，控制读出"，即输出控制；输出 T 级 (B 级 T 接线器) 工作方式为"控制写入，顺序读出"，即输入控制；S 接线器为输入控制。这里需要指出的是，两级 T 接线器的工作方式必须不同，这样有利于控制。

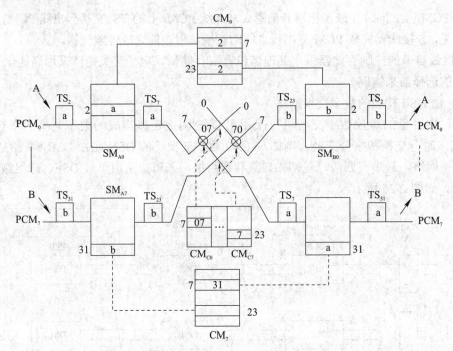

图 2-27　TST 数字交换网络

假定 PCM_0 上的 TS_2 与 PCM_7 上的 TS_{31} 进行交换，即两个时隙代表 A、B 两个用户通过 TST 交换网络建立连接，构成双方通话。由于数字交换采用四线制交换，因此需要建立去话 $(A \rightarrow B)$ 和来话 $(B \rightarrow A)$ 两个方向的通话路由。交换过程如下：

①$A \rightarrow B$ 方向，即发话是 PCM_0 上的 TS_2，受话是 PCM_7 上的 TS_{31}。

PCM_0 上的 TS_2 把用户 A 的话音信息顺序写入输入 T 接线器的话音存储器的 2 单元，交换机控制设备为此次接续寻找一空闲内部时隙，现假设找到的空闲内部时隙为 TS_7，处理机控制话音存储器 2 单元的话音信息在 TS_7 读出，则 TS_2 的话音信息交换到了 TS_7，这样输入 T 接线器就完成了 $TS_2 \rightarrow TS_7$ 的时隙交换。S 接线器在 TS_7 将入线 PCM_0 和出线 PCM_7 接通 (即 TS_7 时刻闭合交叉点 07)，使入线 PCM_0 上的 TS_7 交换到出线 PCM_7 上。输出 T 接线器在控制存储器的控制下，将内部时隙 TS_7 中话音信息写入其话音存储器的 31 单元，输出 TS_{31} 时该顺序读出，这样输出 T 接线器就完成了 $TS_7 \rightarrow TS_{31}$ 的时隙交换。

可见，经过 TST 交换网络后，输入 PCM_0 上的 TS_2 就交换到了输出 PCM_7 上的 TS_{31}，完成了时分和空分交换，实现 $A \rightarrow B$ 方向通话。

②$B \rightarrow A$ 方向，即发话是 PCM_7 上的 TS_{31}，受话是 PCM_0 上的 TS_2。

PCM_7 上的 TS_{31} 把用户 B 的话音信息顺序写入输入 T 接线器的话音存储器的 31 单元，交换机控制设备为此次接续寻找一空闲内部时隙，现假设找到的空闲内部时隙为 TS_{23}(TS_{23} 由反向法确定)，处理机控制话音存储器 31 单元的话音信息在 TS_{23} 读出，则 TS_{31} 的话音信息交换到了 TS_{23}，这样输入 T 接线器就完成了 $TS_{31} \rightarrow TS_{23}$ 的时隙交换。S 接线器在 TS_{23} 将入线 PCM_7 和出线 PCM_0 接通 (即 TS_{23} 时刻闭合交叉点 70)，使入线 PCM_7 上的 TS_{23} 交换到出线 PCM_0 上。输出 T 接线器在控制存储器的控制下，将内部时隙 TS_{23} 中话音信息写入其话音存储器的 2 单元，输出 TS_2 时该顺序读出，这样输出 T 接线器就完成了

$TS_{23} \rightarrow TS_2$ 的时隙交换。

可见，经过 TST 交换网络后，输入 PCM_7 上的 TS_{31} 就交换到了输出 PCM_0 上的 TS_2，完成了时分和空分交换，实现 B → A 方向通话。

为了减少链路选择的复杂性，双方通话的内部时隙选择通常采用反相法。所谓反相法，就是如果 A → B 方向选用了内部时隙 i，则 B → A 方向选用的内部时隙号由下式决定：

$$i + \frac{n}{2}$$

式中，n 为 PCM 复用线上一帧的时隙数 (复用线上的复用度)，也就是说，将一条时分复用线的上半帧作为去话时隙，下半帧作为来话时隙，使来、去话两个信道的内部时隙数相差半帧。例如在图 2-25 中，A → B 方向选用内部时隙 TS_7，$i = 7$，则 B → A 方向选用的内部时隙为 7+32/2 = 23，即 TS_{23}。此外，个别程控数字交换机采用奇、偶时隙法安排双向信道。

3. 电话呼叫的基本处理流程

1) 用户呼出阶段

交换机按照一定的周期检查每一条用户线的状态。当发现用户摘机时，交换机就根据用户线在交换机上的安装位置找到该用户的用户数据，并对其进行分析。如该用户有权发起呼叫，交换机就寻找一个空闲的收号器并通过交换网络将该用户电路与收号器相连，向用户送拨号音，进入收号状态。

2) 数字接收及分析阶段

此阶段是处理任务最繁重的一个阶段。交换机接收用户拨号并进行分析处理。对于脉冲拨号方式，每次收到的是一个脉冲，信令接收程序将收到的多个脉冲装配为拨号数字；对于 DTMF 信号，每次收到的是一个数字，交换机收到一定位数的号码后将进行数字分析，从而确定呼叫的类型、路由等。

3) 通话建立阶段

当被叫号码收起后，交换机根据被叫号码查询被叫用户数据。若被叫空闲且未登记与被叫有关的新业务 (如呼叫转移)，交换机就在交换网络中寻找一条能将主叫用户和被叫用户连接的通路，并预先占用该通路，同时向被叫用户送振铃信号，向主叫用户送回铃音。

4) 通话阶段

当被叫用户摘机应答后，交换机停止向被叫用户送振铃信号，停止向主叫用户送回铃音，将交换网络上连接主、被叫用户的通路接通，同时启动计费，呼叫进入通话阶段。交换机透明传输话音信号，不做任何处理。

5) 呼叫释放阶段

在通话阶段，交换机如果发现一方挂机，启动挂机复原程序，根据复原控制方式决定是否立即释放资源。当双方都挂机时，交换机就收回此次呼叫占用的资源，停止计费，呼叫处理结束。

从以上呼叫处理的过程可看出，可将呼叫的全过程划分为若干个稳定状态，交换机每次对呼叫的处理，总是使呼叫由一个稳定状态转移到另一个稳定状态。

4. 复原控制方式

在自动电话交换机中，用户通话完毕，挂机复原采用不同的复原控制方式：主叫控制，被叫控制，主、被叫互不控制，主、被叫互控制。

(1) 主叫控制：通话建立后，主叫用户挂机，若被叫不挂机，30 s 后自动闭锁。若被叫挂机，通话电路不会立即复原，在限定时限内，被叫再摘机，仍可继续通话。

(2) 被叫控制：对某些重要呼叫，119、110、120、112，恶意呼叫等由被叫控制，叫通后，被叫挂机，通话电路复原，否则不复原，使主叫无法释放。

(3) 主、被叫互不控制：通话后任何一方先挂机，通话电路立即复原。

(4) 主、被叫互控制：通话后只有双方都挂机，通话电路才能复原。

2.3 智能网技术

2.3.1 智能网概述

网络是基础，业务是未来。快速、方便、经济地提供新业务，并且有效地保护网上现有系统的资源投入，成为智能网产生与发展的重要驱动因素。

IN 的目的是使通信网能迅速、经济地为各类用户提供所需的新业务。原 CCITT 给 IN 下的定义是：智能网是在原有通信网络基础上为快速、方便、经济、灵活地提供新的电信业务而设置的附加网络结构。智能网实际上是以计算机和数据库为核心的一个平台，ITU-T 称其为体系 (Architectural)，智能网体系如图 2-28 所示。

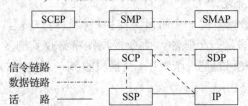

SCP—业务控制点；SMP—业务管理点；SDP—业务数据点；SCEP—业务生成环境；
SSP—业务交换点；SMAP—业务管理接入点；IP—智能外设。
图 2-28 智能网体系

这个体系的目标是要为所有的通信网络服务，即它不仅可以为现有的电话网 (PSTN) 服务、为公用分组交换数据网 (PSPDN) 服务、为窄带综合业务数字网 (N-ISDN) 服务，还可以为宽带综合业务数字网 (B-ISDN) 和移动通信网服务。

从图 2-28 中可以看出，智能网体系与普通的话音平台是不一样的，它除了提供集中的业务控制和数据库以外，还进一步提供了业务交换系统，完成业务交换的功能。另外，智能网体系还提供了集中的业务管理系统和业务生成环境，从而既可以管理业务又可以生成新的业务，使智能网不仅今天能向用户提供诸多的业务，而且着眼于今后也能方便、快速、经济地向用户提供新的业务。

智能网是一种网络结构，它提供可靠的服务，其功能分布于各式各样的节点上。这些节点可以在公众交换网上，也可以不在其上。智能网概念的关键是利用标准化的功能组件 (FC) 来建立业务，即将网络功能分解后由 FC 来完成，不同的业务由不同的 FC 按不同的业务逻辑程序，每种用户业务可由若干个 FC 以一定的顺序组成业务逻辑程序 (SLP)。

智能网概念的核心是如何高效地向用户提供各种新业务，特别是提供那些用传统的方式很难提供的业务。通信网采用传统技术和软件编程方法，一个新业务从最初定义到上网使用，一般需要 1.5 ～ 5 年，而智能网的目标则要将这个周期减少到 6 个月。IN 采用建立集中的业务控制点和数据库的方式向用户提供新业务，如在国际上应用较多的"被叫集中付费"业务、"信用卡呼叫"业务、"虚拟专用网"业务等。与传统方法相比，新业务的开发周期大大缩短，使企业减少了开发投资，并提前向用户开放业务，提高了网络的利用率，取得了经济效益，增强了网络的智能性。

2.3.2　智能网的结构与功能

智能网由业务交换点 (SSP)、业务控制点 (SCP)、信令转接点 (STP)、智能外设 (IP)、业务管理系统 (SMS) 和业务生成环境 (SCE) 等组成，智能网的总体结构如图 2-29 所示。

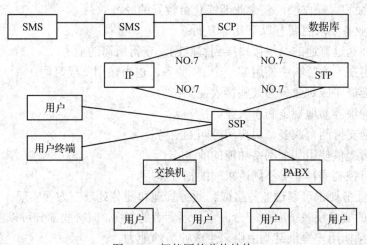

图 2-29　智能网的总体结构

业务交换点具有呼叫处理功能和业务交换功能。呼叫处理功能接收用户呼叫；业务交换功能接收、识别智能业务呼叫并向 SCP 报告，接收 SCP 发来的控制命令。SSP 一般以原有的数字程控交换机为基础，升级软件，增加必要的硬件以及 NO.7 信令网的接口。目前，我国智能网采用的 SSP 一般内置 IP，SSP 通常包括业务交换功能 (SSF) 和呼叫控制功能 (CCF)，还可以含有一些可选功能，如专用资源功能 (SRF)、业务控制功能 (SCF)、业务数据功能 (SDF) 等。

业务控制点是智能网的核心。它存储用户数据和业务逻辑，主要功能是接收 SSP 送来的查询信息并查询数据库，进行各种译码。它根据 SSP 送来的呼叫事件启动不同的业务逻辑，根据业务逻辑向相应的 SSP 发出呼叫控制指令，从而实现各种各样的智能呼叫。SCP一般由大、中型计算机和大型实时高速数据库构成，要求具有高度的可靠性，双备份配置。若数据库作为独立节点设置，则称为业务数据点 (SDP)。目前我国智能网采用的 SCP 一般内置 SDP，一个 SCP 含有业务控制功能和业务数据功能。

信令转接点实际上是 NO.7 信令网的组成部分。在智能网中，STP 双备份配置，用于沟通 SSP 与 SCP 之间的信令联系，其功能是转接 NO.7 信令。

智能外设是协助完成智能业务的特殊资源，通常具有各种语音功能，如语声合成、播放录音通知、进行语音识别等。IP 可以是一个独立的物理设备，也可以是 SSP 的一部分。它接受 SCP 的控制，执行 SCP 业务逻辑所指定的操作。IP 含有专用资源功能 (SRF)。

业务管理系统 (SMS) 是一种计算机系统。其具有业务逻辑管理、业务数据管理、用户数据管理，业务监测和业务量管理等功能。在 SCE 上创建的新业务逻辑由业务提供者输入到 SMS 中，SMS 再将其装入 SCP，就可在通信网上提供该项新业务。一个智能网一般仅配置一个 SMS。

业务生成环境的功能是根据客户需求生成新的业务逻辑。

2.3.3 智能网业务

1. 业务要求

智能网是产生和提供电信业务的体系，因此其业务要求应从用户角度出发，充分考虑到业务的实用性和可操作性，使企业能够获得较好的经济效益。

智能网的业务要求主要有以下几个方面：

(1) 用户能通过普通的网络接口接到智能网，获得所需的业务；

(2) 用户可在一次呼叫中使用某一个 IN 业务，也可使用一段时间；

(3) 网络应能完成对业务的某些接入控制；

(4) 网络能很容易地规定和引入业务；

(5) 网络应支持两个或多个用户间呼叫的业务；

(6) 网络可提供使用几个网络功能的业务；

(7) 网络可控制同种业务不同请求间的相互作用。

以上 7 个业务要求可通过业务生成、业务管理和业务处理三方面实现。

业务生成的要求反映了网络能力。它是运营者的任务，但有些部分可以由用户来生成，所以智能网必须向用户提供某些由用户生成业务的能力。

在智能网中，网络提供者要对网络进行管理，但有些部分也可以由用户自己管理，如虚拟专用网 (VPN) 中的编号、闭合用户群中用户的性能等，由申请该项业务的用户自己管理。用户可以通过自己的工作站对业务进行管理。例如：在业务提供之后进行业务激活、业务维护等方面的工作；业务使用时收集计费数据并能自动产生账单记录；监视和确定某种业务质量，据此调整运行。

业务处理是从客户的角度看智能网向用户提供基本和补充业务方面的能力。

智能网的目标在于有效地开发、生成和管理补充业务，对于基本和补充业务本身而言，智能网的概念是向客户透明的。用户并不需要知道该业务是否以智能网方式提供，而只是要求支撑一个宽范围的基本和补充业务，允许各种接入都可以使用网络支撑业务。

2. 典型业务介绍

1) 被叫集中付费业务

本业务是一种体现在计费性能方面的电话新业务。它的主要特征是对该业务用户 (Service Subscriber) 的呼叫由被叫支付电话费用，而主叫不付电话费用。

2) 记账卡业务

记账卡业务允许用户在任一部电话机 (DTMF 话机) 上进行呼叫，并把费用记在规定的账号上。记账卡业务可按付费方式及使用方式分为四类：

A 类用户 (按月付费用户)：已安装电话的用户申请记账卡业务，经电信部门信誉审核符合要求，可凭电话缴费单按月交纳话费。

B 类用户 (预先付费用户)：用户申请本业务时，须预付一定的电话费，使用时按次扣除通话费用。预付金额用完，用户需再交预付费才能继续使用。

C 类用户 (一次付费用户)：用户通过购买有价的记账卡，在规定期限 (例如一年) 内使用业务，使用时按次扣除通话费用，累计达到有价卡面值时，系统即停止提供业务。

D 类用户 (无密码的一次付费用户)：业务同 C 类，只是该卡用户没有密码，而 A、B、C 类用户均有密码。

3) 虚拟专用网业务 (VPN)

虚拟专用网业务是利用公用电话网的资源向某些机关、企业提供一个逻辑上的专用网，以供这些机关、企业等集团在该专用网内开放业务。

4) 通用个人通信

通用个人通信业务是一种移动性的服务，用户使用一个唯一的个人通信号码 (PTN)，可以接入任何一个网络并能跨越多个网络发起和接受任意类型的呼叫。

5) 广域集中用户交换机业务

该种业务把分布在不同交换局的"集中用户交换机"和单机用户组成一个虚拟的专用网络。

6) 电话投票

该种业务是给社会上提供的一种征询意见或民意测验的服务。愿意投票的用户可以根据选择，拨叫指定的投票号码登记他的投票、意见。网络对每个投票号码的呼叫次数和用户意见信息进行分类统计，业务用户可随时通过终端和 DTMF 话机查询自己业务的统计信息。

7) 大众呼叫

大众呼叫业务提供一种类似热线电话的服务，最主要的特征是具有在瞬时高额话务量情况下防止网络拥塞的能力。业务用户可以向电信部门申请一个热线电话号码。在每次拨通这一号码时，系统将呼叫者接到热线电话，或使用录音提示，记录呼叫者的意见。该业务终止时，电信部门可向业务用户提供大众对该问题各种意见的详细统计情况。

8) 校园卡

校园卡业务主要是为校园中广大学生提供方便可靠的通信方式。本业务从当前使用较广的 300 记账卡呼叫业务中派生而来，同时可增加一些具有校园特色的新功能。

9) 移机不改号

移机不改号业务是一种体现在接续性能方面的新业务，解决电信运营部门在实际工作中遇到的有关搬迁用户移机不改号的问题。

10) 语音信箱业务

语音信箱业务通过电话网提供语音的存储、转发服务，用户拨打特服号进入语音信箱系统后，键入所要访问的信箱号，系统根据用户身份相应地提供录制留言、听取留言、定时传送、修改密码等功能。

3. 智能网业务的实现

智能网对业务的提供采用集中的业务控制点和数据库技术来实现。将不同组合的 SIB 加入智能网业务逻辑中，由业务逻辑来控制交换机的接续。当需要增加新业务的时候，只需要对相应的业务逻辑进行修改而无须对交换机软件进行大的改动，这样使得新业务的实现和修改均很方便，节省了投资和时间，使新业务可以快速、经济地提供给用户。

【例 2-1】智能网 800 业务的实现。

对于申请 800 业务的每个用户都分配有对应的电话号码 $800KN_1N_2ABCD$。其中，800 为业务接入码，KN_1N_2 为数据库表示标识码。例如，北京的 800 业务编号为 800810ABCD，上海的 800 业务编号为 800820ABCD。

呼叫 800 号码业务的主叫不需要计费，话费由申请 800 业务的用户负责付清。

智能网 800 业务的实现过程如图 2-30 所示。

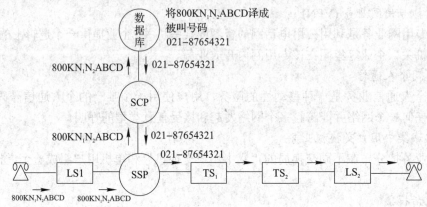

图 2-30　智能网 800 业务的实现过程

在智能网 800 业务中，用户数据经 SMS 输入到 SCP 的数据库中即成为用户记录。当 SCP 收到 800 业务的信令消息时，利用用户记录将 800 号码转换为普通电话号码。

在智能网 800 业务中，SSP-SCP 采用的信令方式必须是具有 SCCP、TCAP 和 INAP 的 NO.7 信令方式。

智能网要实现 800 业务呼叫，主叫用户拨打 $800KN_1N_2ABCD$ 免费电话，发端市话局将 $800KN_1N_2ABCD$ 送到 SSP，再由 SSP 传送给 SCP，SCP 查询数据库中的用户数据和业务数据，将 800 号码翻译成真实的普通电话号码，然后由 SSP、TS、LS 完成电路的连接。如果需要增加或修改 800 业务的用户数据，只需要在数据库中作相应的修改即可。

2.4　数字同步网

现代通信网按技术层次分为业务网、传送网和支撑网。其中支撑网包括 NO.7 信令网、数字同步网和电信管理网。支撑网用于保障业务网正常运行、增强网络功能、提高全网服务质量。

2.4.1　网同步的必要性

在由数字交换局、数字传输设备等组成的数字通信网中，为提高数字信号传输整体性，必须对这些数字设备中的时钟频率和相位统一协调，保持一致。

数字交换机中的时钟有两个作用：

(1) 接收从其他交换机来的数码信息流，使接收信息流的帧与本交换机的基准帧保持同步。

(2) 通过交换机的程序控制本机的数字交换网络进行时隙交换。

所谓网同步，就是通过适当的措施使全网的数字设备工作于相同的时钟频率和相位。如果时钟频率和相位不一致，交换机就不能正常工作。如本地接收时钟低于输入时钟频率，其结果是产生码元丢失，相反，若本地时钟频率高于输入时钟频率时，就会产生码元重复，这就叫滑码。

网同步的主要任务就是保证数字网中各交换机的时钟在一定的容限内，满足滑动指标；在数字交换机的输入端设置缓冲器，以补偿时延变化。

数字通信中的时钟同步是指收、发两端的传输和交换速率及各种定时标志都保持一致。通过时钟同步网使数字网中的所有节点设备的时钟频率和相位偏差控制在规定范围内，保证网内各节点设备的数字流正确地传送和交换。

时钟同步包括位同步、帧同步、复帧同步和网同步。

位同步是指通信双方的位定时脉冲信号频率相等，符合一定相位关系。位同步是保证信号的接收、交换和复用过程顺利进行的前提。

帧同步是指通信双方的帧定时信号的频率相同且保持一定的相位关系。帧同步的作用是在同步复用的情况下，能够准确区分每一帧的起始位置，从而确定各路信号的相位位置并正确把它们区分开来。帧同步是通信信息码流中插入帧同步码来实现的，帧同步码组是一组特定的码组，接收端利用检测电路来检测这一特定的码组并以此作为基准信号来控制本地的定时产生系统，使得接收设备的帧定位信号和接收信号的帧定位信号保持一致，即实现帧同步。帧同步是以位同步为基础的，只有在位同步的基础上才能实现帧同步。

网同步是指网络中各节点的时钟信号的频率相等，也就是各个节点之间的时钟同步，从而在各节点实现帧同步。

2.4.2　数字同步网的同步方式

同步方式有以下三种：

1. 全同步方式

数字设备的时钟经数字链路连接成网，网内配备必要的设备及相应的控制系统，使网内设备的时钟都由一个或几个一级基准时钟控制，或采用时钟互控办法，使时钟都运行在相同的频率，达到全网时钟同步。这种同步方式称为全 (网) 同步。全同步方式又分为主、从同步方式和互同步方式。

主、从同步方式是以主基准时钟的频率控制从时钟的信号频率，也就是数字网中的同步节点和数字设备的时钟都受控于主基准时钟的同步信息，此信息从一个时钟按规定顺序传至另一个时钟，同步信息可以从包含在传送业务的数字信号中的时钟中提取，也可以用指定链路专门传送，从主基准钟送出的定时基准信号中提取。定时信号还可以经过同步节点将收到的基准信号经过处理向外转发。

主、从同步方式的优点如下：

(1) 各同步节点和设备的时钟纳入主、从同步网后，都能直接或间接地同步于主基准时钟，具有与主基准时钟相同的精度，因而在正常情况下不会产生滑动。

(2) 除要求高性能的主基准时钟外，其余从时钟与准同步方式的独立时钟相比，由于性能要求低，所以建网费用也低。

(3) 没有准同步所不可避免的周期性滑动。

主、从同步方式的缺点如下：

(1) 在传送定时信号的链路和设备中，如有任何故障或扰动，都将影响同步信号的传送，而且产生的扰动会沿传输途径逐段累积。

(2) 当等级同步方式用于较复杂的数字网络时，必须避免造成定时环路，尤其是用于SDH 系统的环路形网或网孔形的传输网时，由于有保护倒换和主、备用定时信号的倒换，使同步网的规划和设计变得复杂。

虽然等级主、从同步方式有缺点，但网络系统灵活，时钟费用低，滑动性能好。国内的同步网基本上采取等级主、从同步方式。

2. 准同步方式 (独立时钟方式)

准同步方式的特点是网内的时钟独立运行，互不控制，网内所有交换节点都采用高精度的时钟。虽然时钟频率不能绝对相等，但频差很小，产生的滑动可以满足指标要求。由于没有时钟间的控制问题，所以网络简单、灵活。其缺点是时钟的性能要求高，费用贵，同时还存在周期性滑动。

3. 主、从同步和准同步相结合的混合方式

由主、从同步和准同步相结合的混合方式组成混合网，可减少串联链路中时钟的数量，缩短定时信号的传送链路，使整个同步网性能改善，管理同步的分配也较为容易。预计分布式混合网将成为发展趋势。

2.4.3 我国数字同步网采用的同步方式

根据国标数字网内时钟和同步设备的进网要求，我国数字同步网采用主、从同步方式，按照时钟的性能，我国同步网划分为四级，如表 2-2 所示。

表 2-2 我国同步网划分

长途网	第一级		基准时钟	
	第二级	A 类	一级和二级长途交换中心、国际局的局内综合定时供给设备时钟和交换设备时钟	在大城市内有多个长途交换中心时，应按照它们在网中的等级相应地设置时钟
		B 类	三级和四级长途交换中心的局内综合定时供给设备时钟和交换设备时钟	
本地网	第三级		汇接局时钟和端局的局内综合定时供给设备时钟和交换设备时钟	
	第四级		远端模块、数字用户交换设备、数字终端设备时钟	

注：① 一级和二级长途交换中心的局内综合定时供给设备的主时钟采用受控铷钟 (GPS)，根据需要可配以 GPS 或 Loran-C；② 三级和四级长途交换中心的局内综合定时供给设备的主时钟采用高稳晶体时钟，需要时也可采用受控铷钟；③ 端局内的局内定时供给设备的主时钟采用高稳晶体时钟；④ 若本地网中的汇接局疏通本汇接区的长途话务时，该汇接局时钟等级为二级 B 类。

同步网的基本功能是准确地将同步信息从基准时钟向同步网的各下级或同级节点传递，从而建立并保持同步。

目前，我国数字同步网的网络结构如图 2-31 所示。在各省中心建立一套由受控铷钟为时钟源的区域基准钟 (LPR)，在北京和武汉两地分别设置铯钟组作为时钟源的全网基准钟 (PRC)。

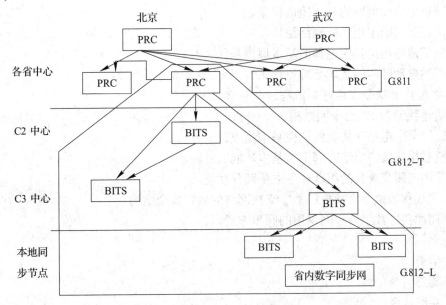

图 2-31 我国数字同步网的网络结构

LPR 的主用基准来自 GPS；备用基准来自 PRC。使用主用基准时，形成以各省为一同步区的混合同步网；使用备用基准时，各 LPR 经地面数字链路直接同步于 PRC，形成全网等级的主、从同步网。

本 章 小 结

本章共四节，分别介绍了电话网结构、数字电路交换技术、智能网、数字同步网。交换机将不同的用户连接起来，以便完成通话，交换机按照一定方式连接起来构成电话网，我国的电话网分为三级，其中长途网两级、本地网一级。电路交换方式是指两个用户在相互通信时使用一条实际的物理链路，在通信过程中自始至终使用该条链路进行信息传输，并且不允许其他用户同时共享该链路的通信方式。程控数字交换机包括连接、终端接口和控制功能，完成连接功能的是数字交换网络，能完成时分空分交换。为了在通信网中向用户提供业务，在交换机之间要传送以呼叫建立和释放为主的各种控制信号，它就是信令，我国现采用的是 NO.7 信令，我国的信令网分三级：HSTP、LSTP、SP。为了经济、方便、有效地给用户提供新业务，在原来通信网络的基础上设置一附加网络——智能网，它最大的特点是交换功能与控制功能分开。在由数字交换局、数字传输设备等组成的数字通信网中，为提高数字信号传输整体性，必须对这些数字设备中的时钟频率和相位统一协调，保持一致。我国数字同步网采用分布式多基准钟的分区主、从同步方式，按照时钟的性能，我国同步网划分为四级。

习　题

1. 简述电话通信网的基本组成设备。
2. 简述我国固定电话网网络结构。
3. 电话网路由选择应遵循的基本原则是什么？
4. 简述电话呼叫的基本处理流程。
5. 简述 TUP 信令市话呼叫流程。
6. 简述我国 NO.7 信令网结构。
7. 简述数字电路交换机的硬件基本组成。
8. 模拟用户接口电话有哪七项基本功能？
9. 简述电路交换机的组成和各主要部分功能。
10. 简述程控数字交换机的数字交换网络的两种典型结构。
11. 简述我国数字同步网采用的同步方式。
12. 名词解释：
(1) 信令；
(2) 随路信令；
(3) 共路信令；
(4) 智能网；
(5) 数字同步网。

第 3 章　数据通信网

3.1　数据通信网概述

数据通信的发展较晚，它是从 20 世纪 50 年代开始，随着计算机网络的发展而发展起来的一种新的通信方式。早期的计算机网都是一些面向终端的网络，以一台或几台主机为中心，通过通信线路与多个远程终端相连，构成一种集中式的网络，这是数据通信的初级形式。20 世纪 70 年代开始，由于计算机网络与分布处理技术的飞速发展，推动了数据通信技术的快速发展。到了 20 世纪 70 年代中后期，基于 X.25 建议的分组交换数据通信得到广泛应用，并进入了商用化时代。此后，数据通信就日益蓬勃地发展了起来。

数据通信网的发展经历了以下几个阶段：

第一阶段 (20 世纪 50 年代)：数据通信网发展的初期阶段。该阶段的特点是用户租用专线构成集中式专用系统，主要是进行数据收集和处理。

第二阶段 (20 世纪 60 年代)：主要利用原有的用户电报网和电话交换网进行数据通信。为了解决利用用户电报网和电话交换网络进行数据通信的技术问题，研制出了关键设备调制解调器 (MODEM) 和线路均衡器。

第三阶段 (20 世纪 70 年代)：主要任务是研究和建设专门用于数据通信的数据通信网。

第四阶段 (20 世纪 80 年代)：特点是发展局域网和综合业务数字网 (ISDN)。综合业务数字网强调用户业务接入的综合化。

第五阶段 (20 世纪 90 年代)：这一阶段的数据通信网发展的方向和目标是使业务综合化、网络宽带化，提出并实现了宽带综合业务数字网 (B-ISDN)，其核心技术是 ATM 技术。

3.1.1　数据通信网的分类

1. 数据通信网的概念

通常意义上的"数据"是指在传输时可用离散的数字信号逐一准确地表示并赋予一定意义的文字、符号和数码等。数据通信可以这样定义：依照通信协议，利用数据传输技术在两个功能单元之间传递数据信息，它可实现计算机与计算机、计算机与终端以及终端与终端之间的数据信息传递。数据通信网是由分布在各处的数据传输设备、数据交换设备及通信线路等组成的通信网，通过网络协议的支持完成网中各设备之间的数据通信。

2. 数据通信网的分类

数据通信是由数据终端、传输、交换和处理等设备组成的系统，其功能是对数据进行传输、交换、处理以及共享网内资源 (包括通信线路、硬件和软件等)。

数据通信网按网络拓扑分为星型网、树型网、网型网、环型网,按传输技术分为交换网 (电路交换和分组交换)、广播网 (卫星网、无线分组网和总线局域网),按速率分为低速数据网、中速数据网、高速数据网。

3.1.2 数据通信系统的构成

数据通信系统是通过数据电路将分布在远端的数据终端设备与计算机系统连接起来,实现数据传输、交换、存储和处理的系统。典型的数据通信系统主要由数据终端设备 (DTE)、数据电路和中央处理机等组成。但由于数据通信需求、通信手段、通信技术以及使用条件等的多样化,数据通信系统的组成也是多种多样的。图 3-1 所示为具有交换功能的一般数据通信系统的组成模型。

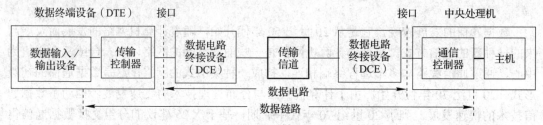

图 3-1　一般数据通信系统的组成模型

1. 数据终端设备

数据终端设备指的是位于用户网络接口的用户设备,它能够作为信源、信宿。它由数据输入设备 (如键盘、鼠标和扫描仪等)、数据输出设备 (显示器、打印机和传真机等) 和传输控制器组成。数据终端设备的种类很多,按照使用场合可以分为普通数据终端 (如电传打字机、打印机等) 和专用数据终端 (如 POS 机、ATM 机等),按照性能可以分为简单终端和智能终端 (如计算机等)。

2. 传输控制器

传输控制器按照约定的数据通信控制规程,控制数据的传输过程。例如,收、发方之间的同步、传输差错的检测与纠正及数据流的控制等,以达到收、发方之间协调、可靠地工作。

3. 数据电路终接设备

数据电路终接设备 (DCE) 位于数据电路两端,是数据电路的组成部分,是 DTE 与传输信道的接口,其作用是将数据终端设备输出的数据信号变换成适合在传输信道中传输的信号。对不同的通信线路,DCE 所包含的设备也不一样。当信道为数字信道时,DCE 称为数字服务单元 (DSU),它将来自 DTE 的数据信号进行变换,消除原数据信号内的直流分量,进行信号的再生和定时处理。当信道为模拟信道时,DCE 称为调制解调器 (MODEM),它将来自 DTE 的基带数据信号调制载波。

4. 接口

接口是数据终端设备和数据电路之间的公共界面。接口标准由机械特性、电气特性和规程特性等技术条件规定。机械特性规定了接口的接线器以及插座形状、尺寸和插脚排列;

电气特性规定了接口电路的阻抗和信号电平等；规程特性规定了接口的功能定义及各接口电路相互之间操作要求和相互关系。

5. 数据电路

数据电路 (Data Circuit) 连接两个数据终端设备，负责将数据信号从一个数据终端设备传输到另一个数据终端设备。

6. 数据链路

数据电路加上数据传输控制功能后就构成了数据链路 (Data Link)。

7. 通信控制器

通信控制器是指那些把计算机 / 终端信息处理系统与数据传输系统连接起来并实现通信功能的设备。通信控制器的功能包括：

(1) 完成计算机 / 终端与数据传输线路的连接与控制，实现数据交换；

(2) 实现信号电平的转换，串 / 并转换及速率转换；

(3) 差错检测与恢复；

(4) 根据传输控制规程完成传输控制任务；

(5) 实现编码转换和信息编辑等功能。

8. 中央处理机

中央处理机又称为主机，由中央处理单元 (CPU)、主存储器、输入 / 输出设备及其他外围设备组成，其功能主要是进行数据处理。

3.2　X.25 分组交换网

3.2.1　分组交换的概念

1. 交换的概念

所谓交换，是指采用交换机 (或节点机) 等交换系统，通过路由选择技术在进行通信的双方之间建立物理的 / 逻辑的连接，形成一条通信电路，实现通信双方的信息传输和交换的一种技术。具有交换功能的网络称为交换网络，交换中心称为交换节点。通常，交换节点泛指网内的各类交换机，它具有为两个或多个设备创建临时连接的能力。

2. 交换方式分类

所谓交换方式，是指对应于各种传输模式，交换节点为完成其交换功能所采用的互通 (Intercommunication) 技术。数据交换方式的种类有很多种，但都归总于两类：电路交换方式 (或线路交换方式) 和存储 / 转发交换方式 (或信息交换方式)，其中存储 / 转发交换方式又可分为报文交换和分组交换两种，其中分组交换又可分为 X.25 分组交换、帧中继交换、ATM 交换等。

1) 电路交换

电路交换始于电话通信，它是通信前根据请求预先分配好一条物理线路给通信的双方，通信过程中双方自始至终独占线路进行通信，通信结束后由任意一方发出结束的请求后拆除线路。所以，电路交换的整个过程包括建立线路、数据传输、释放线路三个阶段。图 3-2 所示是一个含两个中间交换节点的电路交换网络结构示例。

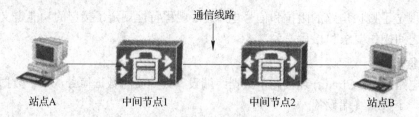

图 3-2　电路交换示意图

电路交换的主要优点如下：

(1) 信息传输延迟时间小。

(2) 交换机对用户的数据信息不进行存储、分析和处理，交换机在处理方面的开销小，对用户的数据信息不需要附加许多用于控制的信息，传输效率高。

(3) 信息的编码方法和信息格式不受限制，即可在用户间提供"透明"的传输。

其缺点有：

(1) 电路接续时间较长，短报文通信效率低。

(2) 电路资源被通信双方占用，电路利用率低。

(3) 通信双方在信息传输速率、编码格式、同步方式、通信规程等方面应完全兼容，这就限制了各种不同速率、不同代码格式、不同通信规程的用户终端之间互通。

(4) 有呼损。

(5) 传输质量较多地依赖于线路的性能，因而差错率较高。

因此，电路交换非常适合对实时性要求比较高的场合，如语音通信。

2) 报文交换

报文交换属于存储/转发交换方式，它是将数据分割成报文后，以报文为单位将信息从源端发往目的地。用户发送的数据不是直接发送给目的节点的，而是先在中间节点上进行缓存 (这类中间节点通常是由具有存储能力的交换机承担)，然后进行统一安排发送到交换机节点，在线路空闲时即发送数据。图 3-3 所示就是一个报文交换原理示例。其中中间节点 1 用来缓存站点 A 发送的数据，中间节点 3 用来缓存站点 B 发送的数据。

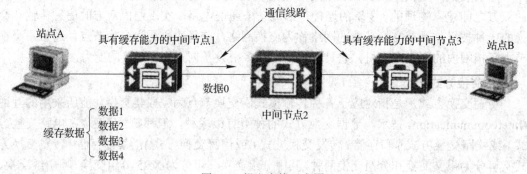

图 3-3　报文交换示意图

报文交换的主要优点如下：

(1) 报文以存储/转发方式通过交换机，输入/输出电路的速率、代码格式可以不同，很容易实现各种不同类型用户间的相互通信。

(2) 报文交换中没有电路接续过程，来自不同用户的报文可以在同一线路上以报文为单位实现时分多路复用，线路的利用率大大提高。

(3) 用户不需要叫通对方就可以发送报文，没有呼损，并且可以节省通信终端操作人员的时间。同一报文可由交换机转发到许多不同的收信地点。

其缺点有：

(1) 报文通过交换机的时延大且时延抖动也大，不利于实时通信。

(2) 交换机要有能力存储、转发用户发送的报文，其中有的报文可能很长，这就要求交换机要有高速处理能力和大的存储空间。因此，报文交换机的设备比较庞大，费用高。

(3) 报文交换不适合实时交换数据的场合。

报文交换的上述优、缺点使其主要适用于公众电报和电子信箱业务。

3. 分组交换

分组交换是对报文交换的改进，是目前应用最广的交换技术。它结合了电路交换和报文交换两者的优点，使其性能达到最优。分组交换也属于存储/转发交换方式，它是将数据分割成分组后，以分组为单位将信息从源端发往目的地。分组交换是将长报文分成若干个固定长度的小分组进行传输。不同站点的数据分组可以交织在同一线路上传输，提高了线路的利用率。由于分组长度的固定，系统可以采用高速缓存技术来暂存分组，提高了转发的速度。

分组交换实现的关键是分组长度的选择。分组越小，冗余量 (分组中的控制信息等) 在整个分组中所占的比例越大，最终将影响用户数据传输的效率；分组越大，数据传输出错的概率也越大，增加重传的次数，也影响用户数据传输的效率。

分组交换有两种方式：数据报方式和虚电路方式。

数据报方式的分组交换的特点：

(1) 用户之间的通信不需要经历呼叫建立和呼叫清除阶段，对于短报文，通信传输效率较高。

(2) 数据分组传输的时延较大。

(3) 对网络拥塞或故障的适应能力较强。如在网络的一部分形成拥塞或某个节点出现故障，数据报可以绕开那个拥塞的部分和故障节点另找路由。

现今的 Internet 网络就是以数据报方式进行数据信息传输的。

虚电路方式的分组交换的特点是有建立虚电路、数据传送、拆除虚电路三个阶段。

分组交换的应用主要有 X.25 分组交换网，它的标准分组长度为 131 字节，包括 128 字节的用户数据和 3 字节的控制信息。以太网也是一种分组交换网，它的标准分组长度为 1500 字节左右，明显比 X.25 分组交换网的要大许多，所以在局域网中的传输性能要远好于 X.25 交换网。

3.2.2 X.25 分组交换网技术

1. 分组交换网

分组交换网一般由分组交换机、网络管理中心、远程集中器、分组装拆设备、分组终端/非分组终端和传输线路等基本设备组成。与其他网络类型一样，分组交换网也需要一系列的通信协议加以支持。与分组交换网关系最密切的协议主要有 X.25、LAPB、HDLC、X.75。分组交换机实现数据终端与交换机之间的接口协议 (X.25)，交换机之间的信令协议 (如 X.75 或内部协议)。分组交换网是数据通信的基础网，利用其网络平台可以开发各种增值业务，如电子信箱、电子数据交换、可视图文、传真存储转发、数据库检索等。目前，中国分组交换数据网 (ChinaPAC) 提供两种基本业务：交换型虚电路 (Switch Virtual Circuit，SVC) 和永久型虚电路 (Permanent Virtual Circuit，PVC)。

2. X.25 分组交换网

X.25 分组交换网与一般的分组交换网的组成基本一样，总体上由分组交换机、传输线路和用户接入设备组成。典型的 X.25 分组交换网如图 3-4 所示。

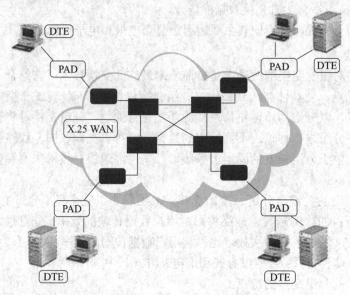

图 3-4　典型的 X.25 分组交换网

X.25 分组交换机是分组交换网的节点，其功能是提供分组交换网的组网和用户接入，可分为公共主干交换机和用户专用交换机两种。一般地，分组交换机还包括分组拆装设备 (PAD) 和提供拨号接入的 X.32 支持。PAD 设备实际上是一个规程转换器或者说是网络服务器，各种不同规程的终端都通过 PAD 设备统一换成 X.25 规程，PAD 为这些终端之间的互通奠定了基础，即网络通过 PAD 设备连接各种非 X.25 设备，如图 3-5 所示。

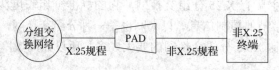

图 3-5　PAD 的基本接口连接

传输线路是构成任何网络的重要组成部分之一，最常见的有 PCM 数字信道 (如普通 MODEM、ISDN)、数字数据传输 (如 DDN)，也有利用 FR、ATM 连接及其卫星通道的。用户线路一般采用数字数据电路或市话模拟线路两种。

用户终端是 X.25 分组交换网的主要用户接入设备。X.25 分组交换网的用户终端设备也分分组型终端 (PT) 和非分组型终端 (NPT) 两种类型。其中，非分组型终端需要使用分组组装 / 拆装设备才能接入到分组交换网中。在 X.25 分组交换网中，各种可用的用户接入设备包括 DT、DCE 和 PAD。

3.3 帧 中 继 技 术

3.3.1 帧中继的基本概念

1. 帧中继的发展

帧中继 (Frame Relay) 起初是由 ITU-T 定义的；后来美国 ANSI 协会延续了这一版本并定义了帧中继的信令与核心特征；然后是成立于 1991 年的帧中继论坛，对帧中继的核心功能进行了补充。

帧中继以 X.25 分组交换技术为基础，也属于分组交换网类型，但它没有 X.25 分组网中的复杂检错和纠错过程，改造了原有的帧结构，从而获得了良好的性能提升。帧中继从分组技术发展而来，仍采用 STDM 复用方式进行动态线路分配，并且简化了 X.25 分组交换技术的体系结构，是一种快速分组通信方式。

2. 帧中继的定义

帧中继也称简化的 X.25，它在 OSI 第二层上用简化的方法传送和交换数据单元，仅完成 OSI 物理层和链路层的核心功能，将流量控制、纠错功能等功能留给智能终端完成，大大简化了节点之间的协议。

3.3.2 帧中继的网络结构

典型的帧中继网络是由用户设备与网络交换设备组成的。帧中继网络如图 3-6 所示。帧中继网中的设备分为以下两类。

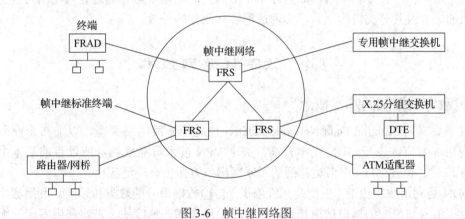

图 3-6 帧中继网络图

(1) 帧中继网接入设备 (FRAD)：属于用户设备，如支持帧中继的主机、桥接器、路由器等。帧中继网络中的用户设备负责把数据帧送到帧中继网络，用户设备分为帧中继终端和非帧中继终端两种，其中非帧中继终端必须通过帧中继装拆设备才能接入帧中继网络。

(2) 帧中继网交换设备 (FRS)：属于网络服务提供者设备，如 TI/El 一次群复用设备和中间节点帧交换机。

3.3.3 帧中继的应用

1. 局域网互联

利用帧中继网进行局域网互联是帧中继业务的典型应用。局域网 (LAN) 接入帧中继网的互联通常是采用路由器或网桥设备，或者是帧中继装/拆设备来完成的。采用帧中继技术实现局域网互联，可以使局域网中的任一用户与任一主机,服务器或网内的其他用户实现资源共享，这是现代通信的大势所趋。

2. 图像和实时业务的传送

帧中继业务的低时延特点适用于大型企业、医疗机构、文化等部门传送图文、图表、活动图像、语音、音乐、电视点播等实时性很强的业务。这些业务用电路交换网传送费用很高，用分组网传送来回传送时延过长，用户难以接受；而帧中继网具有的高速率、低时延带宽动态分配的特点，非常适合这类信息的传送。目前，利用帧中继进行信用卡的认证、远程医疗、电视视频点播、上互联网、远程会议等业务，都已有了实际应用。

3. 虚拟专用网

虚拟专用网可将帧中继网的若干专用端口，划分成一个分区，并设置相对独立的网络管理机构，对分区内的数据量、资源进行管理。分区内的各节点共享分区网络资源，它们之间的数据处理、传送相对独立，对网内的其他用户不造成影响，这种分区结构就是虚拟专用网 (VPN)。虚拟专用网对于大银行、保险公司、股票公司十分有利，采用虚拟专用网所需费用比组建实际专用网络经济合算。

4. 帧中继与其他网络互联、互通

帧中继与全国骨干帧中继网和国际帧中继网互联，用户可以通过它与全国乃至全世界大城市的企业及其分支机构互联，实现远程各种业务的开放。

3.4 数字数据网技术

3.4.1 数字数据网的基本概念

数字数据网 (Digital Data Network，DDN) 也属于专线网络类型，以前在企业网络互联中应用非常广。由于 DDN 成本较高，加上 VPN 技术日益成熟，所以目前基本上已被 VPN 所取代。但在 DDN 电信运营商的互联网出口方面仍有广泛应用。

DDN 是利用数字信道（主要是光纤信道）传输数据信号的数据传输网。利用数字信道传输数据信号与传统的模拟信道相比，具有传输质量高、速度快、带宽利用率高等优点。

DDN 为用户提供专用电路、帧中继和压缩话音/G3 传真和虚拟专用网等业务，具有传输质量高、距离远、传输速率高、网络延迟小、无拥塞、透明性好、用户接入方便、传输安全可靠、网络管理方便和适合高流量用户接入等优点。

3.4.2 DDN 的构成

DDN 是由数字传输电路和相应的数字交叉连接复用设备组成的。其中，数字传输电路主要以光缆传输为主，数字交叉连接复用设备对数字电路进行半固定交叉连接和子速率的复用。一个 DDN 主要由本地传输系统、交叉连接和复用系统、局间传输及同步时钟系统，以及网络管理系统四部分组成，如图 3-7 所示。

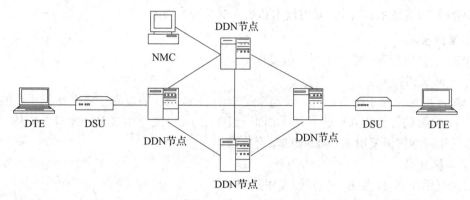

图 3-7　DDN 的网络基本结构

1. 本地传输系统

本地传输系统是指从终端用户至数字数据网的本地局间的传输系统，即用户线路，一般采用普通的市话用户线，也可使用电话线上复用的数据设备。它主要包括数据终端设备 (DTE)、用户计算机和局域网等，它们是通过路由器连至对端的；也可以是一般的异步终端或图像设备，以及传真机、电传机、电话机等。DTE 和 DTE 之间是全透明传输的。

2. 交叉连接和复用系统

交叉连接和复用系统是 DDN 的节点。复用是将低于 64 kb/s 的多个用户的数据流按时分复用的原理复合成 64 kb/s 的集合数据信号，通常称为零次群信号 (DS_0)，再将多个 DS_0 信号按数字通信系统的体系结构进一步复用成一次群，即 2.048 Mb/s，或更高次信号。交叉连接是将符合一定格式的用户数据信号与零次群复用器的输入，或者将一个复用器的输出与另一复用器的输入交叉连接起来，实现半永久性的固定连接。具体交叉由网管中心的操作员实施。

3. 局间传输及同步时钟系统

局间传输及网同步系统由局间传输和同步时钟系统两部分组成。局间传输是指节点间的数字通道，以及各节点通过与数字通道的各种连接方式组成的各种网络拓扑结构。局间传输多数采用已有的数字信道来实现。在我国，目前主要采用 E1(2048 kb/s) 数字通道，少部分采用 Tl 数字通道。同步时钟系统则是由于 DDN 是一个同步数字传输网，为了保证各网所有设备同步工作，必须有一个全国统一的同步方法来确保全网设备的同步。

4. 网络管理系统

无论是全国骨干网，还是一个地区网应设网络管理中心 (NMC)，通过 NMC 可以方便地进行网络结构和业务的配置，实时地监视网络运行情况，进行网络信息、网络节点告警、线路利用情况等收集与统计报告。对于一个公用的 DDN 来讲，网络管理至少应包括用户接入管理，网络资源的调度和路由管理，网络状态的监控，网络故障的诊断、报警与处理，网络运行数据的收集与统计，计费信息的收集与报告等。

3.4.3 数字信道复用及数字交叉连接

DDN 的关键技术有两个：复用技术和数字交叉连接技术。

1. 复用技术

DDN 的复用分为一级复用和二级复用。

1) 一级复用

一级复用也称为子速率复用。子速率是指小于 64 kb/s 的速率。将多路子速率的信号复用成 64 kb/s 的信号称为子速率复用 (即一级复用)。一般遵循 X.50、X.51、X.58，建议将同步的用户数据流复用成 64 kb/s 的集合信号。

2) 二级复用

二级复用即 PCM 复用，也叫超速率复用。

二级复用是将 $N(N = 1 \sim 31)$ 个 64 kb/s 的信号按 32 路 PCM 格式进行复用，成为 2.048 Mb/s 的数字信号，如图 3-8 所示。

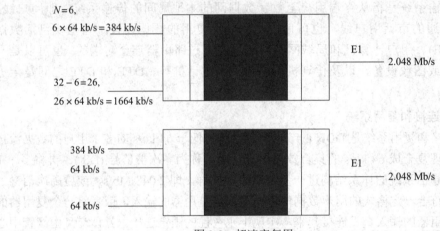

图 3-8　超速率复用

2. 数字交叉连接技术

所谓交叉连接功能，就是指在节点内部对相同速率的支路 (或合路) 通过交叉连接矩阵接通的功能。DDN 节点中的交叉连接是以 64 kb/s 数字信号的 TDM 时隙来进行交换的，如图 3-9 所示。DXC 通常采用单级时隙交换结构，由于没有中间交换，因而就不存在中间阻塞路，所以，单级时隙交换可确保 DXC 的交接是无阻塞的。

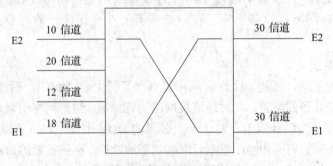

图 3-9　数字交叉连接

3.4.4 DDN 网络业务类别

DDN 业务分为基本业务和其他业务两大类。

DDN 的基本业务就是向客户提供多种速率的数字数据专线服务，如可以提供 2.4 kb/s、4.8 kb/s、9.6 kb/s、19.2 kb/s、$N \times 64$ kb/s($N = 1 \sim 31$) 及 2048 kb/s 速率的全透明的专用电路。包括基本专用电路业务和特定要求的专用电路业务，其中基本专用电路是规定速率的点到点专用电路；而特定要求的专用电路，例如，高可用度的 TDM 电路，主要是针对一些重要用户，DDN 通过一些 (如通路备用、高优先级等) 措施，提高 TDM 电路的可用度。还可以采用低传输时延的专用电路，这主要是针对要求传输时延小的用户，DDN 通过选择地面路径连接，避免引入卫星电路的附加传输时延。还有一种定时专用电路，在这种电路方式中，用户与网络约定专用电路的接通时间和终止时间，定时使用专用电路。

DDN 的其他业务包括点对多点通信业务、话音 /G3 传真业务、VPN 业务、帧中继业务等。

3.5　异步转移模式技术

3.5.1 异步转移模式技术基本原理

1. 异步转移模式简介

异步转移模式 (Asynchronous Transfer Mode，ATM) 技术是在 ISDN、分组交换网和帧中继网络技术的基础上发展而来的。1985 年，CCITT 成立第 18 工作组，开始了快速分组交换 (Fast Packet Switching，FPS) 和异步时分交换 (Asynchronous Time Division，ATD) 新交换方式的研究，两者的结合就是 ATM 交换方式的雏形。1987 年，CCITT 18 研究组决定采用信元 (Cell) 来表示分组；1988 年，CCITT 18 研究组决定采用固定长度的信元，定名为 ATM，并认定 B-ISDN 将基于 ATM 技术。1990 年，CCITT 18 研究组制定了关于 ATM 的一系列建议并在以后的研究中不断地深入和完善。经过随后广泛的研究和制定相应的规范，ITU 于 1991 年将这种新的网络体制命名为异步转移方式——ATM，并且把 ATM 作为 B-ISDN 统一的复用与交换方式。后来，无数事实证明，ATM 被认为是一种可以满足高速多媒体传输需求的新型、实用通信技术。

2. ATM 的定义

异步转移模式已被 ITU-T 于 1992 年 6 月定义为未来宽带综合业务数字网络 (B-ISDN) 的传递模式。术语"转移"包括传输和交换两个方面，所以转移模式意味着信息在网络中传输和交换的方式。"异步"是指接续和用户带宽分配的方式。因此，ATM 就是在用户接入、传输和交换级综合处理各种通信量的技术。其中 ATM 的定义可以体现在如下几个方面：

(1) 所有信息在 ATM 网中以称为信元的固定长度数据单元格式传送，信元由首标 (Header) 和信息域 (Payload) 组成。

(2) ATM 是面向连接的技术，同一虚接续中的信元顺序保持不变。

(3) 通信资源可以产生所需的信元，每一信元都具有接续识别的标号 (位于首标域)。

(4) 信息域被透明传送，它不执行差错控制。

(5) 信元流被异步时分多路复用。

3. ATM 信元

1) 信元结构

在 ATM 线路中传输的是采用固定长度 (53 字节) 的分组，被称为信元。ATM 信元由信头和有效载荷域构成，信头为 5 字节，而有效载荷域则是 48 字节，如图 3-10 所示。这种分组策略具有自身的优越性。由于固定长度的 ATM 信元提供的速度和对信息传输的适应性，使得 ATM 非常适合于实时性要求高、突发性强的应用，比如多媒体应用。

图 3-10　ATM 信元结构

2) 虚通道与虚通路

ATM 网络采用面向连接的呼叫接续方式，所以要在 ATM 信元头中需要一个标识来标明每一个信元是属于哪一个连接。在 ATM 网络中传送信息之前，要先建立 ATM 连接。ATM 采用了虚连接技术，将逻辑子网和物理子网分离。为便于应用和管理，ATM 连接可分为两个等级：虚通路 (Virtual Path，VP) 和虚通道 (Virtual Channel，VC)。

由于 ATM 是以 53 字节长的信元为单位，可以设定任意容量的通道，通常称此通道为虚通道，在 ATM 中的电路称为虚通路，它是以 53 字节的信元为单位可设定任意速率，而且可以改变速率。各自的标识符分别为虚通路识别 (Virtual Path Identifier，VPI) 和虚通道识别 (Virtual Channel Identifier，VCI)，ATM 网络路由就是通过 VPI 和 VCI 两级寻址来实现的，因为 VPI 和 VCI 均在信元的信头中存储。虚通路就像一个能够携带许多虚通道 (最多可达 65 000 条) 的管道或通道。它可以是从交换机到交换机的虚拟线路，也可以是横穿 ATM 网络由终端到终端的所有线路。虚通路是由两节点间复用的一组虚通道组成的，也就是说，每个 VP 可以容纳多个 VC，属于同一 VC 的信元群拥有相同的 VCI，不同 VP 中的 VC 拥有不同的 VPI，它们之间的关系如图 3-11 所示。当然一个 VP 中也可以仅有一个 VC，但现实应用中很少如此。

图 3-11　VP 和 VC 的关系

4. ATM 的工作原理

1) 异步时分复用

在异步时分复用中，同样是将一条线路按照传输速率所确定的时间周期将时间划分成帧的形式，而一帧中又再划分时隙来承载用户数据。

2) 异步交换

先回顾一下 TDM 中所使用的固定时隙交换技术。在这种交换技术中，用户数据在交换前的输入帧中的位置与其在交换后的输出帧中的位置一般是不同的。

在 ATM 中，交换也是固定时隙的。当输入帧进入 ATM 交换机后，要在缓存器中进行缓存并根据输出帧中时隙的空闲情况，随机地占用某一个或若干个时隙，而且，所占用的若干时隙并不要求相邻。

3) 信元交换

虚电路建立后，需要传送的信息即被分割成 53 字节的信元发送出去。信头上带有 VPI 和 VCI 值，这两部分合起来构成了一个信元的路由信息。当一个信元到达某一节点 ATM 交换机时，交换机将读出该信元信头中的 VPI 和 VCI 值，并与虚电路映射表比较，从表中找到相应的输出端口及其相应的 VPI 和 VCI，此时，发送信元信头的 VPI 和 VCI 要被更新，然后信元被发往下一个节点，最终传送到接收方。

在虚电路中，相邻两个交换节点的出 / 入线端口间传输信元的 VPI/VCI，其值保持不变，也就是说，VPI 和 VCI 的交换只出现在 ATM 交换机节点中，传输通道中不会出现 VPI 和 VCI 交换。VPI/VCI 对值在经过 ATM 交换节点时根据虚电路映射表，在出线端，将入线端输入的信元 VPI 和 VCI 值改为可导向接收端的新 VPI 和 VCI 值，VP 和 VC 交换原理分别如图 3-12 和图 3-13 所示。VP 和 VC 交换原则有两个：一是所交换的 VP 和 VC 可达目的地；另一个是交换的 VP 和 VC 当前可用。两节点之间形成一条 VC 链，一组 VC 链形成 VC 连接。相应地，VP 链和 VP 连接也会以类似的方式形成。

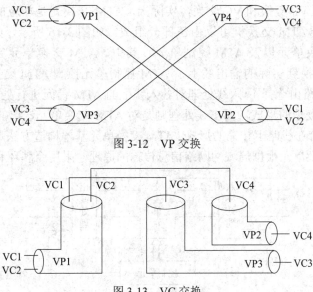

图 3-12　VP 交换

图 3-13　VC 交换

5. ATM 的特点

ATM 具有如下特点：

(1) 协议简单，可通过硬件实现，具有协议处理速度快和时延小的特点。

(2) 固定长度的信元 (53 字节)，不受数据类型的影响。

(3) 具有多媒体传输的特点。

(4) 采用统计复用的方法，具有动态分配带宽的能力。

(5) 有效地跨接 LAN 和 WAM 的高速互联网技术。

(6) ATM 交换既有电路交换的特点，又有分组交换的特点，它代表了交换技术的最高水平。

3.5.2 ATM 交换网

1. ATM 交换机的结构

ATM 信元交换机的通用模型如图 3-14 所示。它有一些输入线路和一些输出线路，通常在数量上相等 (因为线路是双向的)。所以，在 ATM 交换机中的接口通常被分别安装在两个不同位置，以便区分接入。图 3-15 所示的 ATM 交换机中的接口就分别位于面板的左、右两侧。

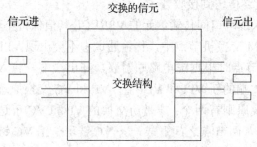

图 3-14 ATM 交换机交换结构图   图 3-15 入 / 出线分布两侧的 ATM 交换机

在前面讲述到 VP 交换和 VC 交换，实际上，ATM 交换就是相应的 VC/VP 交换。完成这样功能的一个 ATM 交换机可以由三部分组成，如图 3-16 所示，入线处理和出线处理部件、ATM 交换单元以及 ATM 控制单元。其中，ATM 交换单元完成交换的实际操作 (将输入信元交换到实际的输出线上)；ATM 控制单元控制 ATM 交换单元的具体动作 (VPI / VCI 转换、路由选择)；入线处理对各入线上的 ATM 信元进行处理，使它们成为适合 ATM 交换单元处理的形式，而出线处理则是对 ATM 交换单元送出的 ATM 信元进行处理，使它们成为适合在线路上传输的形式。ATM 交换单元基本构造方法是空分和时分方法，目前也有 ATM 交换单元根据局域网网络信息传输的原理，采用令牌环和总线方式实现。

图 3-16 ATM 交换机基本组织模块

2. ATM 网络结构

ATM 网络包括网络接入设备、用户接入设备、用户终端设备和传输线路 4 大部分。网络接入设备又包括同种网络接入设备和异种网络接入设备两种，同种 ATM 网络接入设备基本上是 ATM 交换机或桥接器；而 ATM 网络与其他类型网络的连接则需要支持 ATM 的路由器。用户接入设备则基本上是 ATM 交换机，用户终端设备就是 ATM 网卡；传输线路则可以是任何可用的线路，如同轴电缆、双绞线和光纤等，但主要以光纤为主，当然与不同介质连接的 ATM 网卡需要不同的接口来支持。ATM 广域网的连接如图 3-17 所示。

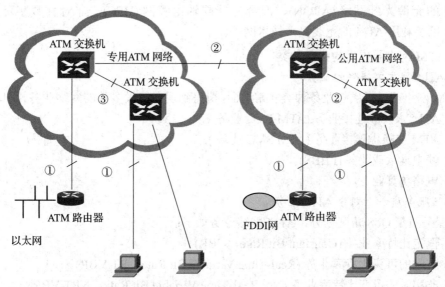

①—专用 UNI；②—公用 NNI；③—专用 NNI。

图 3-17　ATM 广域网连接示意图

ATM 与局域网的扩展连接如图 3-18 所示。在这种局域网互联结构中，整个网络系统采用层次化网络体系结构，主干网采用 ATM 技术，分支网络采用传统的局域网技术，以构成 LAN-ATM 网络体系。ATM 网可分为 3 大部分：公用 ATM 网、专用 ATM 网和 ATM 接入网。

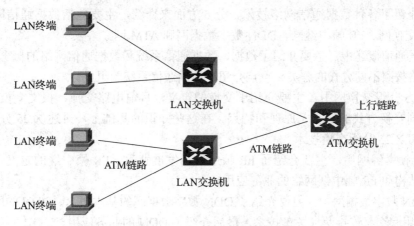

图 3-18　ATM 与 LAN 网络的混合连接

公用 ATM 网是由电信管理部门经营和管理的 ATM 网，它通过公用用户网络接口连接各专用 ATM 网和 ATM 终端。作为骨干网，公用 ATM 网应能保证与现有各种网络的互通，应能支持包括普通电话在内的各种现有业务，另外，还必须有一整套维护、管理和计费等功能。

专用 ATM 网是指一个单位或部门范围内的 ATM 网，由于它的网络规模比公用网要小，而且不需要计费等管理规程，因此专用 ATM 网是首先进入实用的 ATM 网络，新的 ATM 设备和技术也往往先在 ATM 专用网中使用。目前，专用网主要用于局域网互联或直接构成 ATM-LAN，以在局域网上提供高质量的多媒体业务和高速数据传送。

接入 ATM 网主要指在各种接入网中使用 ATM 技术传送 ATM 信元的网络，如基于 ATM 的无源光纤网络 (APON)、混合光纤同轴电缆网 (HFC)、非对称数字环路网络 (ADSL) 以及利用 ATM 的无线接入技术网等。

3. ATM 网主要提供的业务种类

1) ATM 网主要提供的业务

ATM 网络可以提供的业务种类非常全面，覆盖到现在绝大多数的网络业务，具体如下：

(1) ATM 永久虚连接业务 (ATM PVC 业务)。

(2) ATM 交换虚连接业务 (ATM SVC 业务)。

(3) 帧中继承载业务 (FBBS)。

(4) 电路仿真业务。

2) 从服务质量上划分 ATM 业务

从服务质量 QoS 角度划分，ATM 网络业务如下：

(1) 恒定比特率业务 (Constant Bit Rate，CBR)。

(2) 实时的可变比特率业务 (Real-Time Variable Bit Rate，RT-VBR)。

(3) 非实时的可变比特率业务 (Not Real-Time Variable Bit Rate，NRT-VBR)。

(4) 可用的比特率业务 (Available Bit Rate，ABR)。

(5) 非特定比特率业务 (Unspecified Bit Rate，UBR)。

本 章 小 结

本章介绍了各种数据通信网络技术，分 5 方面来介绍，主要包括数据通信网的概述、X.25 分组交换网、FR 帧中继网、DDN 数字数据网和 ATM 网。

在数据通信概述中，主要介绍了数据、数据通信系统和数据通信网络的概念，以及数据通信网络按照不同方式的分类，重点介绍了数据通信系统的组成。

在 X.25 分组交换网中，主要介绍了交换的定义，目前电路交换、报文交换和分组交换三种不同交换方式的定义、原理和特点。在这些知识的基础上，讲述 X.25 分组交换网络的组成和 X.25 分组交换技术。

在 FR 帧中继网中，主要介绍了 FR 帧中继的发展背景、FR 帧中继的定义、FR 帧中继的网络结构和 FR 帧中继网络的业务应用。

在 DDN 数字数据网中，主要介绍了 DDN 数字数据网的基本概念、DDN 的网络结构、DDN 的复用和交叉连接两大关键技术，最后介绍了 DDN 的业务应用。

在 ATM 网络中，主要介绍了 ATM 的定义和信元结构、ATM 的基本交换原理、ATM 的技术特点，在上述基础上进一步介绍了 ATM 网络的核心（即 ATM 交换机的组成结构和

交换方式)，还介绍了 ATM 网络的广域网和局域网的连接情况，最后讲述了目前的 ATM 业务分类情况。通过对各种数据通信网络技术的介绍，让读者对数据通信网络技术有一定的了解。

习　　题

一、填空题

1. 数据通信是指依照_____，利用_____在两个功能单元之间传递数据信息，它可实现_____与_____、_____与_____以及_____与_____之间的数据信息传递。

2. 典型的数据通信系统主要由_____、_____和_____三部分组成。

3. 电路交换的整个过程包括_____、_____和_____ 3 个阶段。

4. 交换技术可分为_____、_____和_____ 3 种。

5. DDN 是指_____。

6. DDN 的关键技术有_____和_____。

7. FR 是指_____，俗称_____。

8. ATM 连接可分为_____和_____两个等级。各自的标志符则分别为_____和_____。

9. 从服务质量 QoS 角度划分，ATM 网络业务包括_____、_____、_____、_____和_____ 5 种。

二、选择题 (可多选)

1. 下列不是报文交换的主要优点的有 (　　)。
A. 数据发送效率高　　　　　　B. 数据发送延时小
C. 线路利用率高　　　　　　　D. 支持多点传输　　　　E. 支持实时传输

2. 在 X.25 分组交换网中，属于交换机之间的信令协议的是 (　　)。
A. X.3　　　B. X.28　　　C. X.29　　　D. X.75

3. 帧中继使用的链路层协议是 (　　)。
A. LAPD　　　B. LAPB　　　C. HDLC　　　D. LAPF

4. 目前最高的 FR 接入速率和相当于的速率等级为 (　　)。
A. 2 Mb/s El　　B. 34 Mb/s E3　　C. 45 Mb/s T3　　D. 45 Mb/s E3

5. ATM 信元的长度是固定的，它是 (　　)。
A. 53 位　　　B. 53 字节　　　C. 1000 字节　　　D. 1600 字节

6. 下列有关 VP 与 VC 描述正确的是 (　　)。
A. VP 是物理链路，VC 是虚拟链路　　　B. 一个 VP 中可以包括多个 VC
C. 一个 VC 中可以包括多个 VP　　　　　D. 不同 VP 中的 VC 拥有不同的 VPI

7. VP/VC 交换的基本原则有 (　　)。
A. 交换的 VPI 与 VCI 值相同　　B. 所交换的 VP 和 VC 可达目的地
C. 交换的 VP 和 VC 当前可用　　D. 交换的 VCI 值相同

三、判断题 (正确的打 "√"，错误的打 "×")

1. 虚电路和数据报均属于面向连接的服务。 　　　　　　　　　　　　　(　)
2. 分组交换网只支持虚电路服务，不支持数据报服务。 　　　　　　　　(　)
3. X.25 协议只支持面向连接的业务。 　　　　　　　　　　　　　　　(　)
4. DDN 同样可以支持分组交换和帧中继业务。 　　　　　　　　　　　(　)
5. DDN 可以用于局域网的端到端互联。 　　　　　　　　　　　　　　(　)
6. DDN 可以实现 2.048 Mb/s 以上速率的业务传输。 　　　　　　　　(　)
7. ATM 与分组交换网 / 帧中继网一样都属于面向连接的网络技术。 　　(　)
8. ATM 网络路由是通过 VCI 寻址来实现的。 　　　　　　　　　　　(　)
9. 相邻两个交换节点的出 / 入线端口间传输信元的 VPI/VCI 值是保持不变的。(　)
10. 信元交换就是特指 ATM 交换。 　　　　　　　　　　　　　　　　(　)
11. ATM 没有传输距离的限制，既可以用于局域网，亦可用于广域网。 　(　)
12. ATM 信元交换机通用模型中的输入线路和一些输出线路在数量上是相等的。

　　　　　　　　　　　　　　　　　　　　　　　　　　　　　　　(　)

13. 在 ATM 中，每个信元的 53 字节中只有 48 字节是真正的用户数据。 (　)

四、简答题

1. 简述线路交换的主要特点，以及它与分组交换之间的主要区别。
2. 简述报文交换原理，主要优、缺点，以及它与分组交换之间的主要区别。
3. 简述分组交换原理。
4. 简述帧中继与 X.25 分组交换的区别与联系。
5. 绘制 ATM 信元格式结构图，并说明各部分用途。
6. 简述 ATM 交换的主要特征。

第 4 章　IP 网络

4.1　互 联 网 概 述

互联网 (Internet)，即广域网、城域网、局域网及单机按照一定的通信协议组成的计算机网络。

因特网和互联网略有不同，前者人们又常把它称为"国际互联网"。Internet 并不是一个具体的网络，它是全球最大的、开放的、由众多网络互联而成的一个广泛集合，有人称它为"计算机网络的网络"。它允许各种各样的计算机通过拨号方式或局域网方式接入，并以 TCP/IP 协议进行数据通信。由于越来越多人的参与，接入的计算机越来越多，Internet 的规模也越来越大，网络上的资源变得越来越丰富。正是由于 Internet 提供了包罗万象、瞬息万变的信息资源，所以它正在成为人们交流、获取信息的一种重要手段，对人类社会的各个方面产生着越来越重要的影响。

由于现在的计算机通信协议均以 TCP/IP 协议为基础，所以又将这种计算机网络统称为 IP 网。IP 网具有以下特性：

(1) IP 网是一个无连接的系统。在 Internet 上的机器之间没有建立连接，因此，Internet 不维持关于主机通信的信息，也不在源主机和目的主机的交换之间建立确定的连接，从而 IP 协议是无状态的。数据被组装成数据分组，分组头有终点地址，沿途路由器根据地址转发数据分组，将数据分组送到终点。在数据分组的传输过程中并不需要事先建立连接。

(2) IP 网采用自适应性路由。自适应路由是指通信可以依据网络在特定时间的状况，如拥塞或连接失败时选择不同的路由器通过 Internet。自适应路由的可能结果是目标端点的用户接收到包的顺序被打乱了，另一个可能结果是接收方包到达的速率不同。造成差异的原因是一些包延迟较短，而另一些包的延迟较长。

(3) IP 网是"尽其所能"的网络。Internet 尽最大努力传输，但是如果出现了问题或者找不到目的主机，数据就被丢弃。在大多数情况下，常驻终端用户主机的 TCP 能重发丢失的或损坏的包。

(4) IP 网在网络层用 IP 协议互联，避免了异质网络在链路层互联的困难。

(5) IP 网的基础设施和应用是分离的，便于发展各种应用。

目前，IP 网络技术已成为宽带通信技术的主流，是各种业务事实上的核心，数据、语音和视频业务都统一由 IP 网来承载。

1. 计算机网络的组成

计算机网络的组成涉及以下几个方面:

(1) 连接介质:连接两台或两台以上的计算机需要传输介质。连接介质可以是双绞线、同轴电缆或光纤等"有线"介质,也可以是微波、红外线、激光、通信卫星等"无线"介质。

(2) 网络连接设备:异地的计算机系统要实现数据通信、资源共享,还必须有各种网络连接设备给以保障,如中继器、网桥、路由器、交换机等。

(3) 通信协议:计算机之间要交换信息,实现通信,彼此就需要有某些约定和规则——网络协议。目前,很多网络协议是各计算机网络产品厂商自己制定的,也有许多是由国际组织制定的,它们已构成了庞大的协议集。比如,现在计算机网络普遍采用的 TCP/IP 协议。

(4) 网络管理软件:包括通信管理软件、网络操作系统、网络应用软件等。

2. 计算机网络的分类

按照网络规模,计算机网络分为局域网 (LAN)、城域网 (MAN) 和广域网 (WAN)。

LAN 是由在地理范围内有限的网络中相连接的计算机组成,如一个房间、一座建筑物或一群邻近的建筑物。

MAN 是为城镇或城市设计的网络,它通常使用光纤高速连接。

WAN 是使用远程通信链路把相距遥远的网络计算机连接起来的网络。它经常由两个或多个小 LAN 组成。最著名的 WAN 的例子就是 Internet。

1) 局域网

局域网是将某一区域内的各种通信设备互连在一起的通信网络。

决定局域网特性的主要技术有三个:

(1) 用于传输数据的传输介质;

(2) 用以连接各种设备的拓扑结构;

(3) 用以共享资源的介质访问方法。

这三种技术在很大程度上决定了传输数据的类型、网络的响应时间、吞吐率和利用率,以及网络应用等各种网络特性。其中最重要的是介质访问控制方法,它对网络特性起着十分重要的影响。

局域网的典型特性:高速率 (0.1 ~ 100 Mb/s),短距离 (0.1 ~ 25 km),低误码率 (10^{-8} ~ 10^{-11})。

局域网的协议结构包括物理层、数据链路层和网络层。由于局域网没有路由问题,因此一般不单独设置网络层;由于 LAN 的介质访问控制比较复杂,因此将数据链路层分成逻辑链路控制子层和介质访问控制子层。

局域网包括以太网、标记环网、标记总线网、快速以太网、交换局域网、全双工以太网、千兆位以太网、ATM 局域网、无线局域网。其中,常见的为以太网、快速以太网、全双工以太网、交换局域网。前两种采用的是载波监听多路访问 / 冲突检测 (CSMA/CD)的介质访问方法,交换局域网采用的是交换技术,全双工以太网中全双工运行在交换器之间,以及交换器和服务器之间,全双工是和交换器一起工作的链路特性,它是数据流在链路中同时两个方向流动,不是所有收发器都支持它的全双工功能。

全双工效率取决于本地通信的形式。如果在发送和接收之间的通信是平衡的,则理论上全双工可增加 100% 的吞吐量。如果是不平衡的，则效率会降低。从理论上讲，全双工性能可大于 100%，因为全双工链路没有冲突，每个方向的效率要高于共享介质链路的效率。

(1) 10 Mb/s 交换技术的性能优于 10 Mb/s 的共享技术；

(2) 10 Mb/s 全双工交换技术的性能优于 10 Mb/s 的常规的交换技术；

(3) 100 Mb/s 交换技术优于 10 Mb/s 交换技术；

(4) 100 Mb/s 全双工交换技术优于 100 Mb/s 常规交换技术；

(5) 100 Mb/s 共享技术的性能是 10 Mb/s 共享技术的 10 倍；

(6) 100 Mb/s 交换技术性能优于 100 Mb/s 共享技术；

(7) 10 Mb/s 交换技术和 100 Mb/s 共享技术的性能比较取决于各种参量的影响，包括通信形式、交换器端口数、交换器缓冲器容量以及全双工应用的效率。

2) 城域网

城域网是在一个城市范围内所建立的计算机通信网，简称 MAN。这是 20 世纪 80 年代末，在 LAN 的发展基础上提出的，在技术上与 LAN 有许多相似之处，而与广域网区别较大。MAN 的传输介质主要采用光缆，传输速率在 100 Mb/s 以上。所有联网设备均通过专用连接装置与介质相连，只是介质访问控制在实现方法上与 LAN 不同。

MAN 的一个重要用途是用作骨干网，通过它将位于同一城市内不同地点的主机、数据库，以及 LAN 等互相连接起来，这与 WAN 的作用有相似之处，但两者在实现方法与性能上有很大差别。

MAN 不仅用于计算机通信，同时可用于传输话音、图像等信息，成为一种综合利用的通信网，但属于计算机通信网的范畴，不同于综合业务通信网 (ISDN)。

3) 广域网

广域网是在一个广泛地理范围内所建立的计算机通信网，简称 WAN，其范围可以超越城市和国家以至全球，因而对通信的要求及复杂性都比较高。

WAN 由通信子网与资源子网两个部分组成：通信子网实际上是一个数据网，可以是一个专用网 (交换网或非交换网) 或一个公用网 (交换网)；资源子系统是连在网上的各种计算机、终端、数据库等。这不仅指硬件，也包括软件和数据资源。

在实际应用中，LAN 可与 WAN 互联，或通过 WAN 与位于其他地点的 WAN 互联，这时 LAN 就成为 WAN 上的一个端系统。

广域网用于通信的传输装置，一般是由公司或电信部门提供的。互联主要采用公用网络和专用网络两种，如果连接的次数有限，要求不固定，通用性好，可选择公用数据网或增值网；如果连接次数很多，且要 24 小时畅通无阻，则采用专用网络为好。

WAN 的实现都是按照一定的网络体系结构相应的协议进行的。为了实现不同系统的互联和相互协同工作，必须建立开放系统互联。参考模型及相应的一系列国际标准协议对于 WAN 的实现、建立和应用有重要的指导作用。

4.2　IP 网协议的体系结构和协议地址

计算机网络协议，是指实现计算机网络中不同计算机系统之间的通信所必须遵守的通信规则的集合。例如，什么时候开始通信，采用什么样的数据格式，数据如何编码，按什么顺序交换数据，如何处理差错，如何协调发送和接收数据的速度，如何为数据选择传输路由等。因此，协议实质上是网络通信时所使用的一种语言。网络协议对于计算机网络来说是必不可少的。

4.2.1 开放系统互联模型

国际标准化组织 (ISO) 于 1981 年正式推荐了一个网络系统结构——7 层参考模型，叫作开放系统互联模型 (Open System Interconnection，OSI)。这是一个描述网络层次结构的模型，其标准保证了各种类型网络技术的兼容性、互操作性。由于这个标准模型的建立，使得各种计算机网络向它靠拢，大大推动了网络通信的发展。

OSI 采用分层方法，其中通信子系统被分成 7 层，每一层都执行明确定义的功能。OSI 定义需要每一层提供的功能，但是却没有规定在每一层上要使用的实际服务和协议。OSI 分层模型如图 4-1 所示。

1 ~ 3 层为低层组或下层组，其功能由计算机 (用户) 和网络共同执行。

4 ~ 7 层为高层组或上层组，其功能由通信的计算机双方共同执行。

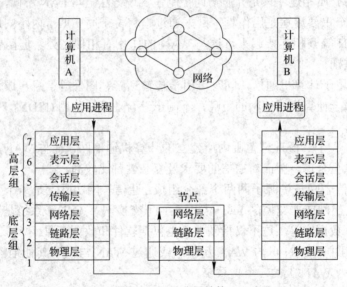

图 4-1　OSI 分层结构

1. 层次结构的功能

(1) 应用层：实现终端用户应用进程之间的信息交换。

(2) 表示层：提供数据表现，定义公共数据语法和语义以及转换工作，包括数据语法转换、语法表示、表示连接管理、数据加密和数据压缩等。

(3) 会话层：执行管理任务和安全。其具体功能包括会话连接到传输连接的映射、数据传送、会话连接的恢复和释放、会话管理、令牌管理和活动管理。

(4) 传输层：确保点到点、无错误传输。其功能包括在发送端拆分数据块，在接收端重组数据块，点到点流程控制和错误恢复，传输地址到网络地址的映射、多路复用与分割，传输连接的建立与释放。

(5) 网络层：负责处理子网之间的寻址和路由工作。其功能包括建立和拆除网络连接，提供路由功能，构造互联网络，定义点到点寻址 (逻辑上，网络 ID + 主机 ID)，进行服务选择和流量控制。

(6) 数据链路层：负责处理信道上的数据传输工作。发送帧：将接收到的位重组为帧；定义站点地址 (物理)；完成数据链路连接的建立和终止、定界与同步、顺序和流量控制、差错的检测和恢复等。一般将数据链路层又划分成两个子层：逻辑链路控制 (Logic Line Control，LLC) 子层和介质访问控制 (Media Access Control，MAC) 子层。

(7) 物理层：处理物理信令，提供介质接入功能，定义最终二进制数据的电压和数据速率，定义物理连接器。

2. 层间通信

每一层都与对方的对等层之间有相应的协议 (逻辑上的)，在物理上，它们之间信息的交换又必须通过它下一层提供的服务才能完成，直到物理层。OSI 的数据传送如图 4-2 所示。

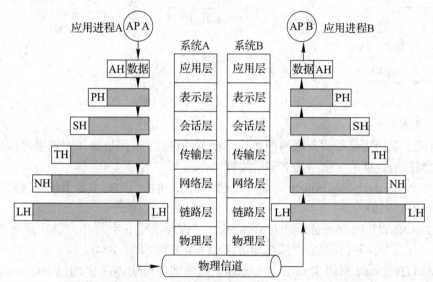

AH—应用层头；PH—表示层头；SH—会话层头；TH—传输层头
NH—网络层头；LH—链路层头；LH—链路层尾。

图 4-2 OSI 的数据传送

OSI 的不同层协议之间是互相独立的，实现方法是下一层在上一层提供的信息的前面 (链路层在前面和后面) 增加新的协议控制信息。

3. OSI 各层传送信息的单位

(1) 物理层：数据是按比特传送。

(2) 数据链路层：数据是按帧传送。

(3) 网络层：数据以分组为单位传送。

(4) 传输层：数据以报文为单位传送。

4.2.2 TCP/IP 协议

TCP/IP 协议是传输控制协议 / 因特网协议，它代表了一组因特网互联协议，其目的是将各种异构计算机网络或主机通过 TCP/IP 协议实现互联互通。在网络中提供可靠数据传输的协议称为 TCP，提供无连接数据报服务的协议称为网际协议 IP。TCP/IP 协议最早于1983 年在 ARPA 网上运行。

1. TCP/IP 协议参考模型

TCP/IP 协议将 Internet 分为 4 个层次：应用层、传输层、网际层和网络接口层。图 4-3给出了 TCP/IP 与 OSI 的比较。

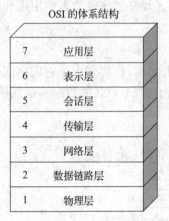

OSI 的体系结构

7	应用层
6	表示层
5	会话层
4	传输层
3	网络层
2	数据链路层
1	物理层

TCP/IP 的体系结构

应用层
（各种应用层协议和
TELNET、FTP、SMTP等）

传输层 TCP、UDP

网际层 IP

网络接口层

TELNET—远程登录；
SMTP—简单邮件传送协议；
UDP—用户数据报协议；
FTP—文件传输协议；
TCP—传输控制协议；
IP—互联网协议。

图 4-3　OSI 与 TCP/IP 结构的对比

1）应用层

它定义了应用程序使用互联网的协议。相关的进程 / 应用协议，充当用户接口，提供在主机之间传输数据的应用。其主要相关协议有：

(1) FTP(File Transfer Protocol，文件传输协议)：允许用户在本地主机和远程主机之间传输文件 (RFC 959)。

(2) TELNET(Telecommunication Network，远程通信网)：允许用户登录到另外的 TCP/IP 主机，从而访问网络资源的虚拟终端协议 (终端仿真)(RFC 854)。

(3) SMTP(Simple Mail Transfer Protocol，简单邮件传输协议)：通过 Internet 交换电子邮件的标准协议。它用于 Internet 上的电子邮件服务器之间，或允许电子邮件客户向服务器发送邮件 (RFC 821 和 822)。

(4) POP(Post Office Protocol，邮局协议)：定义用户邮件客户机软件和电子邮件服务器之间的简单接口。它用于将邮件从服务器下载到客户机并允许用户管理邮箱 (RFC1460)。

(5) HTTP(Hypertext Transfer Protocol，超文本传输协议)：在 WWW 上进行交换的基础 (RFC 1945 和 1866)。

(6) DNS(Domain Name System，域名系统)：定义 Internet 名称的机构，以及名称与 IP地址的联系 (RFC 1034 和 1035)。

(7) SNMP(Simple Network Management Protocol，简单网络管理协议)：对管理基于TCP/IP 的网络设备的过程和管理信息数据库进行定义 (RFC1157 和 1441)。

(8) DHCP(Dynamic Host Configuration Protocol，动态主机配置协议)：用于将 TCP/IP地址和其他相关信息自动分配给客户机 (RFC 2131)。

2) 传输层

为两个用户进程之间建立、管理和拆除可靠而又有效的端到端连接。传输协议的选择根据数据传输方式而定。其主要协议有:

(1) TCP(传输控制协议):为应用程序提供可靠的通信连接。TCP 适合于一次传输大批数据的情况并适用于要求得到响应的应用程序。

(2) UDP(用户数据报协议):提供了无连接通信,且不提供可靠传输的保证。UDP 适合于一次传输少量数据,可靠性则由应用层来负责。

3) 网际层

定义了互联网中传输的数据报格式,以及应用路由选择协议将数据通过一个或多个路由器发送到目的站的转发机制。其主要协议有:

(1) IP(Internet Protocol,网际协议):一种无连接协议,主要负责主机和网络之间数据包的寻址和路由 (RFC 791)。

(2) ARP(Address Resolution Protocol,地址解析协议):用于将网络中的协议地址 (当前网络中大多是 IP 地址) 解析为相同物理网络上的主机的硬件地址 (MAC 地址) (RFC 826)。

(3) RARP(Reverse Address Resolution Protocol,逆向地址解析协议):用于将本地的主机硬件地址 (MAC 地址) 解析为网络中的协议地址 (当前大多是 IP 地址)。

(4) ICMP(Internet Control Message Protocol,Internet 控制消息协议):发现消息并报告关于数据包传递的错误 (RFC 792)。

(5) IGMP(Internet Group Management Protocol):由 IP 主机向本地多播路由器报告主机组成员 (RFC 1112)。

(6) RIP(Router Information Protocol,路由器信息协议):定期向其他路由器发送完整路由表的距离向量路由发现协议 (RFC 1723)。

(7) OSPF(Open Shortest Path First,开放式最短路径优先协议):各个路由器定期向其他路由器广播自己的链路状态路由发现协议 (RFC 1245、1246、1247、1253)。

(8) BGP(Border Gateway Protocol,边界网关协议):用来连接 Internet 上的独立系统的路由选择协议。

4) 网络接口层

它定义了将数据组成正确帧的协议和在网络中传输帧的协议。

该层接收来自网络物理层 (TCP/IP 未定义,实际上插在主机中的网络接口板上的软、硬件实现了物理层和数据链路层的功能) 的数据帧并转换为 IP 数据报转交给网际层。

该层定义通信主机必须采用某种协议联网:局域网可采用 IEEE 802.3 以太网协议、802.5 令牌网协议;广域网可采用 PPP(Point-to-Point Protocol)、帧中继、X.25 等。

其主要功能:① 为 IP 模块发送和接收 IP 数据报;② 为 ARP 模块发送 ARP 请求和接收 ARP 应答;③ 为 RARP 发送 RARP 请求和接收 RARP 应答。

其主要协议有:以太网链路层协议;两个串行接口链路层协议,即 SLIP(Serial Line IP) 协议和 PPP 协议。

2. 以太网封装帧格式

TCP/IP 协议采用分层结构，因此，数据报文也采用分层封装的方法。下面以应用最广泛的以太网为例，说明其数据报文分层封装，如图 4-4 所示。

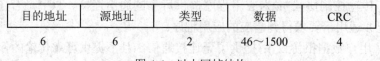

目的地址	源地址	类型	数据	CRC
6	6	2	46～1500	4

图 4-4　以太网帧结构

目的地址和源地址：各占 6 字节 (48 b)，它们是指网卡的物理地址，即 MAC 地址，具有唯一性。

帧类型或协议类型是指数据包的高级协议，如 0x0806 表示 ARP 协议，0x0800 表示 IP 协议等。

类型字段以后就是数据，以太帧规定数据长度在 46 ～ 1500 字节范围内，不足 46 字节的空间插入填充字节。

CRC 用于循环冗余码校验 (校验和)。

绝大多数局域网的组建都是采用 IEEE 802.3 标准 (CSMA/CD) 局域网技术，以太帧是数据链路层最常见的数据封装格式。下面分别讨论封装在以太网帧中的 IP 数据报和 TCP 数据报的格式。

1) IP 数据报格式

IP 数据报如图 4-5 所示，报头为 24 字节。

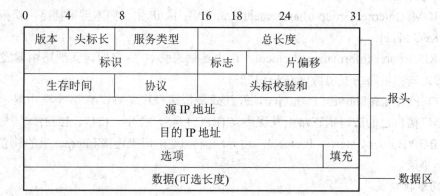

图 4-5　IP 数据报格式

IP 数据报中各字段的定义如下：

版本：长度为 4 b，表示所使用的 IP 协议版本。目前的 IP 协议版本为 IPv4，将来可使用 IPv6。

头标长：长度为 4 b，表示以字 (字长为 32 b) 为单位的报头长度。

服务类型：长度为 8 b，规定了数据报的处理方式。

总长度：长度为 16 b，表示整个 IP 数据报的长度 (包括报头和数据区)，以字节为单位，IP 数据报最长可达 $2^{16}-1$ 字节。

标识字段：长度为 16 b，标识分组属于哪个数据报，以便重组数据报。

标志字段：长度为 2 b，值为 0 表示片未完 (指该片不是原数据报的最后一片)；值为 1

表示不分片 (指数据报不能被分片)。

片偏移字段：长度为 14 b，表示本片数据在原始数据报数据区中的偏移量。

生成时间字段：长度为 8 b，用于设置本数据报的最大生存时间，以秒为单位。一旦生存时间小于等于 0，则删除该数据报，应答出错信息。它防止数据报无休止地要求互联网搜寻不存在的目的地。

协议字段：长度为 8b，表示产生该数据报内传送的第 4 层协议，大多数 IP 传输层用的是 TCP，实质上表示数据区数据的格式。

头标检验和字段：长度为 16 b，用于确保数据报头数据的完整性。

源 IP 地址字段和目的 IP 地址字段：源 IP 地址字段和目的 IP 地址字段各占 32 b，表示 IP 数据报的发送者和接收者。

选项字段：长度为 24 b，用于网络测试、调试、保密及其他。

数据区：用于封装 IP 用户数据。

2) TCP 数据报格式

TCP 数据被封装在一个 IP 数据报中，如图 4-6 所示。

TCP 数据
TCP报文段
IP报头
TCP 报头
TCP数据

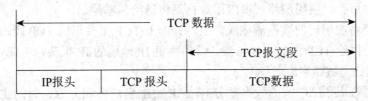

图 4-6 TCP 数据在 IP 数据报文中的封装

TCP 数据报的基本格式如图 4-7 所示。

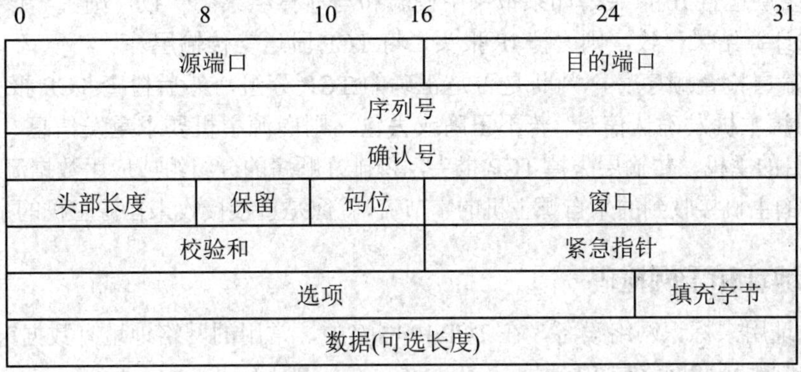

0
8
10
16
24
31
源端口
目的端口
序列号
确认号
头部长度
保留
码位
窗口
校验和
紧急指针
选项
填充字节
数据(可选长度)

图 4-7 TCP 段格式

TCP 段中各字段的定义如下：

源端口：呼叫端口的号；

目的端口：被叫端口的号；

序列号：用于确保数据到达的正确顺序；

确认号：用来确认接收到的数据，包含所期待的下一个 TCP 字段的编号；

头部长度：报头的字数 (字长为 32 位)；

保留：设置为 0，以备将来使用；

码位：指出段的目的与内容；

窗口：接收方能接收的字节数；

校验和：报头和数据字段的校验和，目的是确定段到达时是否发生错误；

紧急指针：指出紧急数据的位置；

选项：用于提供 TCP 的增强功能；

数据：上层协议数据。

另外，作为传输层的无连接协议——UDP 运行在 IP 协议层之上，由于它不提供连接，所以只是在 IP 协议上加上端口寻址能力，这个功能由 UDP 数据报头实现。无连接通信不能保证可靠性，接收方不通知发送方是否已经正确接收了报文，也不具备错误恢复能力，因此，使用 UDP 协议的应用程序要保证可靠性。

3. TCP/IP 工作原理

下面以采用 TCP/IP 协议传送文件为例，说明 TCP/IP 的工作原理，其中应用层传输文件采用文件传输协议。

TCP/IP 协议的工作流程如下：

(1) 在源主机上，应用层将一串应用数据流传送给传输层。

(2) 传输层将应用层的数据流截成分组，并加上 TCP 报头形成 TCP 段，送交网络层。

(3) 在网络层给 TCP 段加上包括源、目的主机 IP 地址的 IP 报头，生成一个 IP 数据包并将 IP 数据包送交链路层。

(4) 链路层在其 MAC 帧的数据部分装上 IP 数据包，再加上源、目的主机的 MAC 地址和帧头并根据其目的 MAC 地址，将 MAC 帧发往目的主机或 IP 路由器。

(5) 在目的主机，链路层将 MAC 帧的帧头去掉并将 IP 数据包送交网络层。

(6) 网络层检查 IP 报头，如果报头中校验和与计算结果不一致，则丢弃该 IP 数据包；若校验和与计算结果一致，则去掉 IP 报头，将 TCP 段送交传输层。

(7) 传输层检查顺序号，判断是否是正确的 TCP 分组，然后检查 TCP 报头数据。若正确，则向源主机发确认信息；若不正确或丢包，则向源主机要求重发信息。

(8) 在目的主机，传输层去掉 TCP 报头，将排好顺序的分组组成应用数据流送给应用程序。这样目的主机接收到的来自源主机的字节流，就像是直接接收来自源主机的字节流一样。

4.2.3 IP 地址和子网掩码

网络地址用来标识网络设备，在 TCP/IP 网络中，常用的网络地址有数据链路层地址、介质访问控制地址和网络层 IP 地址。

(1) 数据链路层地址。数据链路层地址用来标识网络设备的每个物理网络连接，通常末端系统只有一个物理连接，即一个数据链路层地址，但路由器等网络互联设备可能有多个物理网络连接，因此，具有多个数据链路层地址。

(2) MAC 地址。数据链路层包括逻辑链路控制(LLC)子层和介质访问控制(MAC)子层，MAC 地址由数据链路层地址的子集组成。

MAC 地址用于标识 IEEE 局域网数据链路层 MAC 子层的地址，对于某个局域网接口来说，MAC 地址是唯一的，不会出现两个相同的 MAC 地址，MAC 存储在网络接口卡中。

(3) IP 地址。IP 网络是靠路由器把多个物理网络互联构筑而成的。在任何一个物理网络中，各站点都有一个机器可识别的物理地址，虽然物理地址能够唯一识别网络中的某一台主机，但它存在两个问题：一是不含任何位置信息，因此路由选择非常困难；二是不同物理网络中的主机，有不同的物理网络地址，地址长度和格式都有差异，需要统一和屏蔽这些差异。IP 地址存在于 OSI 参考模型的网络层，它对应一台主机，以此屏蔽物理网络地址的差异。

因特网在概念上分为三个层次，如图 4-8 所示。

因特网上的数据能够找到它的目的地址的原因是每一个连接到因特网上的网络都有唯一的网络号。为了确保因特网上的每一个网络号始终是唯一的，并且与其他任何数据不同，当用户需要 IP 地址时，可向国际网络信息中心组织 (InterNIC) 提出申请，但通常是向一些授权的代理机构提出申请，例如中国用户可以向 CNNIC 申请。

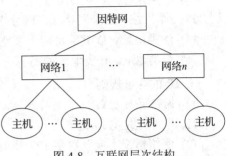

图 4-8　互联网层次结构

1. IP 地址

IP 地址是人们在 Internet 上为了区分数以亿计的主机而给每台主机分配的一个专门的地址，通过 IP 地址就可以访问每一台主机。

目前，在 Internet 中使用的是 IPv4 的地址结构，即 IP 地址是一个 32 位的二进制地址，由 4 部分数字组成，每部分数字对应于 8 位二进制数字，各部分之间用小数点分开，为便于记忆，用点分十进制记法，如某一台主机的 IP 地址为 211.152.65.112。

2. IP 地址分类

IP 地址由两部分组成，一部分表示网络号；另一部分表示主机号。

为适应不同大小的网络，一般将 IP 地址划分成 A、B、C、D、E 五类。其中，A 类、B 类和 C 类是最常用的，如图 4-9 所示。

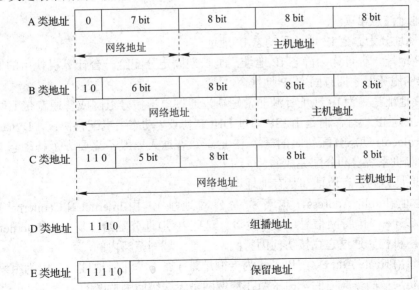

图 4-9　IP 地址分类

(1) A 类地址。A 类地址可以拥有很大数量的主机，最高位为 0，第一个字节表示网络号，其余 3 字节表示主机号，总共允许有 126 个网络。

A 类地址分配给规模特别大的网络使用，例如 IBM 公司等。

(2) B 类地址。B 类地址被分配到中等规模和大规模的网络中，最高两位总被置为二进制的 10，允许有 16 384 个网络。

B 类网络用第一、二字节表示网络地址，后两个字节为主机地址。

(3) C 类地址。C 类地址被用于中小型的网络，高三位被置为二进制的 110，允许大约 200 万个网络。C 类网络用前 3 字节表示网络地址，最后一字节表示主机地址。

(4) D 类地址。D 类地址用于多路广播组地址，高四位总被置为 1110。

(5) E 类地址。E 类地址的高五位总被置为 11110，保留给将来使用。

3. IP 的寻址规则

1) 网络寻址规则

(1) 网络地址必须唯一。

(2) 网络标识不能以数字 127 开头。在 A 类地址中，数字 127 保留给内部回送函数。

(3) 网络标识的第一个字节不能为 255。数字 255 作为广播地址。

(4) 网络标识的第一个字节不能为"0"，"0"表示该地址是本地主机，不能传送。

2) 主机寻址规则

(1) 主机标识在同一网络内必须是唯一的。

(2) 主机标识的各个位不能都为"1"，如果所有位都为"1"，则该机地址是广播地址，而非主机的地址。

(3) 主机标识的各个位不能都为"0"，如果各个位都为"0"，则表示"只有这个网络"，而这个网络上没有任何主机。

注：A 类地址提供的网络号是 1 ～ 126，共 126 个，而不是 0 ～ 127。其原因是：网络字段全 0 的 IP 地址是个保留地址，意为"本网络"；网络字段为 127，保留作为本地软件环回测试使用。

4. IP 地址注意事项

(1) IP 地址分为固定 IP 地址和动态 IP 地址。

固定 IP 地址，也可称为静态 IP 地址，是长期固定分配给一台计算机使用的 IP 地址，一般是特殊的服务器才拥有固定 IP 地址。

动态 IP 地址是因为 IP 地址资源非常短缺，通过电话拨号上网或普通宽带上网，用户一般不具备固定 IP 地址，而是由 ISP 通过 DHCP 协议 (动态主机配置协议，Dynamic Host Configure Protocol) 动态分配暂时的一个 IP 地址。普通人一般不需要去了解动态 IP 地址，这些都是计算机系统自动分配完成的。

(2) IP 地址分为公有地址和私有地址。

公有地址 (Public Address，也可称为公网地址)，由 Internet NIC(Internet Network Information Center，因特网信息中心) 负责。这些 IP 地址分配给注册并向 Internet NIC 提出申请的组织机构。通过它直接访问因特网，它是广域网范畴内的。

私有地址 (Private Address，也可称为专网地址) 属于非注册地址，专门为组织机构内部使用，它是局域网范畴内的，出了所在局域网是无法访问因特网的。

留用的内部私有地址目前主要有以下几类：

① A 类：10.0.0.0 ～ 10.255.255.255。

② B 类：172.16.0.0 ～ 172.31.255.255。

③ C 类：192.168.0.0～ 192.168.255.255。

(3) MAC 地址与 IP 地址的关系。

MAC 地址是识别 LAN 节点的标识。网卡的物理地址通常是由网卡生产厂家烧入网卡的 EPROM(一种闪存芯片，通常可以通过程序擦写)，它存储的是传输数据时真正赖以标识发出数据的电脑和接收数据的主机的地址。

也就是说，在网络底层的物理传输过程中，是通过物理地址来识别主机的，它一般也是全球唯一的。比如，著名的以太网卡，其物理地址是 48 b 的整数，如：44-45-53-54-00-00，以机器可读的方式存入主机接口中。以太网地址管理机构将以太网地址，也就是 48 b 的不同组合，分为若干独立的连续地址组，生产以太网网卡的厂家就购买其中一组，具体生产时，逐个将唯一地址赋予以太网卡。

形象地说，MAC 地址就如同我们身份证上的身份证号码，具有全球唯一性。

而 IP 地址相当于主机的逻辑地址，它指明了主机在网络当中的方向，而对主机地址的精确定位最终还要依靠 MAC 地址。

5. 子网掩码

为了提高 IP 地址的使用效率，一个网络可以划分为多个子网：采用借位的方式，从主机最高位开始借位变为新的子网位，剩余部分仍为主机位。这使得 IP 地址的结构分为三部分：网络位、子网位和主机位，如图 4-10 所示。

网络位	子网位	主机位

图 4-10　IP 地址结构

掩码定义规则：地址长度仍然为 32 位，网络位与子网位对应的二进制代码为 1，主机位 (借位不算) 对应的二进制代码为 0。

子网掩码与 IP 地址结合使用，可以区分出一个网络地址的网络号和主机号。

例如：有一个 C 类地址为 192.9.200.13，其缺省的子网掩码为 255.255.255.0，则它的网络号和主机号可按如下方法得到：

(1) 将 IP 地址 192.9.200.13 转换为二进制：

11000000 00001001 11001000 00001101

(2) 将子网掩码 255.255.255.0 转换为二进制：

11111111 11111111 11111111 00000000

(3) 将两个二进制数逻辑与 (AND) 运算后得出的结果即为网络部分：

```
      11000000 00001001 11001000 00001101
AND   11111111 11111111 11111111 00000000
      11000000 00001001 11001000 00000000
```

结果为 192.9.200.0，即网络号为 192.9.200.0。

(4) 将子网掩码取反，再与 IP 地址逻辑与 (AND) 后得到的结果即为主机部分：

```
      11000000 00001001 11001000 00001101
AND   00000000 00000000 00000000 11111111
      00000000 00000000 00000000 00001101
```

结果为 0.0.0.13，即主机号为 13。

6. 子网的划分

一般对于如何规划子网,主要有以下两种情况:第一,给定一个网络,整网络地址可知,需要将其划分为若干个小的子网;第二,全新网络,自由设计,需要自己指定整网络地址。后者多了一个根据主机数目确定主网络地址的过程,其他一样。下面结合相应实例,对这两种划分进行分析。

例如,学院新建 4 个机房,每个房间有 25 台机器,给定一个网络地址空间:192.168.10.0,现在需要将其划分为 4 个子网。

分析 192.168.10.0 是一个 C 类的 IP 地址,标准掩码为 255.255.255.0,有:

IP: 11000000 10101000 00001010 00000000。

掩码: 11111111 11111111 11111111 00000000。

1) 借位选择

要划分 4 个子网必然要向最后的 8 位主机号借位,那借几位呢?

我们来看要求:4 个机房,每个房间有 25 台机器,那就是需要 4 个子网,每个子网下面最少 25 台主机。

另外,考虑扩展性,一般机房能容纳的机器数量是固定的,建设好之后向机房增加机器的情况较少,增加新机房(新子网)情况较多(当然对于这题,考虑主机或子网最后的结果都是相同的,但如果要组建较大规模网络,这点要特别注意)。

依据子网内最大主机数来确定借几位。

使用公式 $2^n-2 \geq$ 最大主机数,有 $2^n-2 \geq 25$,即 $2^5-2 = 30 \geq 25$,所以主机位数 $n = 5$,相对应的子网需要借 3 位。

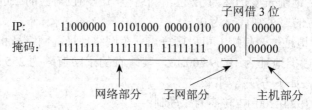

2) 子网号选择

确定了子网部分,后面就简单了,前面的网络部分不变,看最后的这 8 位:

```
子网掩码: 11111111 11111111 11111111  111 00000
IP :      11000000 10101000 00001010  000 00000
```

	001
	010
子网地址空间	011
得到6个可用子网地址	100
(全为0或1的地址不可使用)	101
	110
	111

得到 6 个可用的子网地址,全部转换为点分十进制表示:

11000000 10101000 00001010 00100000 = 192.168.10.32

11000000 10101000 00001010 01000000 = 192.168.10.64
11000000 10101000 00001010 01100000 = 192.168.10.96
11000000 10101000 00001010 10000000 = 192.168.10.128
11000000 10101000 00001010 10100000 = 192.168.10.160
11000000 10101000 00001010 11000000 = 192.168.10.192
子网掩码：11111111 11111111 11111111 11100000 = 255.255.255.224

3) 子网的主机地址

注：在一个网络中，主机地址全为 0 的 IP 是网络地址，全为 1 的 IP 是网络广播地址，不可用。

子网地址和子网主机地址如下：

子网 1：192.168.10.32；掩码：255.255.255.224；
主机 IP：192.168.10.33 ～ 192.168.10.62。
子网 2：192.168.10.64；掩码：255.255.255.224；
主机 IP：192.168.10.65 ～ 192.168.10.94。
子网 3：192.168.10.96；掩码：255.255.255.224；
主机 IP：192.168.10.97 ～ 192.168.10.126。
子网 4：192.168.10.128；掩码：255.255.255.224；
主机 IP：192.168.10.129；掩码：255.255.255.224。
子网 5：192.168.10.160；掩码：255.255.255.224；
主机 IP：192.168.10.161 ～ 192.168.10.190。
子网 6：192.168.10.192；掩码：255.255.255.224；
主机 IP：192.168.10.193 ～ 192.168.10.222。

只要取出前面的 4 个子网就可以完成题目了。

7. 全新网络，自由设计

全新的网络，需要自己来指定整网络地址，这就需要先考虑选择 A 类、B 类或 C 类 IP 的问题，就像上例中的网络地址空间：192.168.10.0 不给定，任由自己选择。在这里，要注意地址浪费的问题，例如，如果选择 A 类地址，有 24 位的主机位来随便借位当然可以，但那就会浪费很多的地址，在局域网内基本上可以随意设置，但在广域网里可没有这么大的地址来给用户分配，所以从开始就要养成好的习惯。

那如何选择呢？

和划分子网一样，通过公式计算 (2^n-2)，我们知道划分的子网越多浪费的地址就越多。每次划分子网一般都有两个子网的地址要浪费掉 (子网部分全为 0 或全为 1)。因此，如果需要建设一个拥有 4 个子网，每个子网内有 25 台主机的网络，那一共需要有 $(4+2) \times (25+2)$ 个 IP 数的网络来划分。

而 $(4+2) \times (25+2) = 162$，一个 C 类地址的网络可以拥有 254 的主机地址，所以选择 C 类的地址来作为整个网络的网络号。

如果现在有 6 个机房，每个机房里有 50 台主机呢？

$$(6+2) \times (50+2) = 416$$

显然，需要用到 B 类地址的网络了。

后面划分子网的步骤就和上面一样了。A、B、C 类 IP 地址子网划分如表 4-1～表 4-3 所示。

表 4-1　A 类 IP 地址子网划分表

A 类 IP 地址子网划分			
借用位数	子网掩码	子网数	每个子网的主机数
2	255.192.0.0	2	4 194 302
3	255.224.0.0	6	2 097 150
4	255.240.0.0	14	1 048 574
5	255.248.0.0	30	524 286
6	255.252.0.0	62	262 142
7	255.254.0.0	126	131 070
8	255.255.0.0	254	65 534

表 4-2　B 类 IP 地址子网划分表

B 类 IP 地址子网划分			
借用位数	子网掩码	子网数	每个子网的主机数
2	255.255.192.0	2	16 382
3	255.255.224.0	6	8190
4	255.255.240.0	14	4094
5	255.255.248.0	30	2046
6	255.255.252.0	62	1022
7	255.255.254.0	126	510
8	255.255.255.0	254	254
9	255.255.255.128	510	126
10	255.255.255.192	1022	62
11	255.255.255.224	2046	30
12	255.255.255.240	4094	14
13	255.255.255.248	8190	6
14	255.255.255.252	16 382	2

表 4-3　C 类 IP 地址子网划分表

C 类 IP 地址子网划分			
借用位数	子网掩码	子网数	每个子网的主机数
2	255.255.255.192	2	62
3	255.255.255.224	6	30
4	255.255.255.240	14	14
5	255.255.255.248	30	6
6	255.255.255.252	62	2

注：这里我们讨论的是一般情况，目前已经有部分路由器支持主机位全为 0 或全为 1 的子网，即 IP：192.168.10.0，掩码：255.255.248.0。这些不在讨论范围之内。

4.3 交换机/路由器

4.3.1 交换机

交换机主要工作在 OSI 参考模型的第二层——数据链路层。在计算机网络系统中，交换概念的提出是对于共享工作模式的改进。交换机基于物理地址识别可以完成存储，其主要是在以太网中广泛使用。

1. 交换机的作用

交换机在以太网中起到数据报文转发的作用。它把从某个端口接收到的数据报文从其他端口转发出去，除了连接同种类型的网络之外，还可以在不同类型的网络之间起到互联作用。

集线器工作在物理层，称为 HUB。由于不能区分数据报文的来源和目的，所以集线器将某个端口收到的比特流原封不动地发送到所有其他端口上。这种转发方式就是最简单的信道共享式广播。采用集线器连接的网络的全部节点都处于同一个广播域之中，因此，这种网络很容易产生广播风暴。

交换机主要工作在数据链路层。最大的功能在于能有效地抑制广播风暴的产生。这主要是因为交换机是基于 MAC 地址进行交换的，通过分析 MAC 帧的帧头信息 (源 MAC 地址、目的 MAC 地址、MAC 帧长等)，取得目的 MAC 地址后，查找交换机中存储的 MAC 地址表 (与 MAC 地址相对应的交换机的端口号)，确认有此 MAC 地址的网卡连接在交换机的哪个端口上，然后将数据报文发送到相应的端口上。交换机 MAC 地址表的路由过滤操作流程如下：

(1) 交换机在收到一个数据帧后，会首先去解析该数据帧的目的 MAC 地址。

(2) 查询 MAC 地址表，根据查询结果判断如何操作。

(3) 如果在 MAC 地址表中没有目的 MAC 地址对应的项，那么交换机就会向所有的其他端口发送查询信息，等到收到应答后，发送数据帧。

(4) 如果该地址已经存在于 MAC 地址表中，它就会按照表中的地址进行转发。

2. 交换机的分类

按照交换机工作的 OSI 模型层次划分，交换机可以分为第二层交换机、第三层交换机、第四层交换机。

第二层交换机具有 VLAN(Virtual LAN，虚拟 LAN) 的功能，它的每个 VLAN 拥有自己的冲突域。第二层交换机是最简单也是最便宜的一种交换机，它的端口有 8 口、16 口、32 口等。第二层交换机采用了 3 种方式转发数据报文：一种是直通方式，一种是存储－转发方式，还有一种是自由分段式。

第三层交换机相对于第二层交换机更高级。第三层交换机根据数据报文中的 IP 目的地址来决定转发数据报文的方向。它类似于路由器，创建并维护了一张路由表，根据路由表将数据报文转发到目的地。由于利用了交换机的快速交换结构，可以实现"一次路由，多次交换"。相对于普通的路由器来说，第三层交换机可以比普通路由器更快地转发数据报文。

第四层交换机只是一个概念上的交换机，实际上可以利用第二层交换机结合相应的传输控制协议来实现。第四层交换机可以根据 TCP 或 UDP 协议所携带的信息来决定转发的数据报文的优先级，然后再根据优先级的高低来"智能化"地控制数据报文的转发，这样做的目的是不仅避免拥塞，还提高带宽利用率。

4.3.2 路由器

"路由"是指把数据从一个地方传送到另一个地方的动作和行为。而路由器就是执行这种动作行为的机器，是一种连接多个网络或网段的网络设备。它能将不同网络或网段之间的数据信息进行"翻译"，以使它们能够相互"读懂"对方的数据，从而构成一个更大的网络。

1. 路由器的工作原理

路由器工作在 OSI 模型中的第三层，即网络层。路由器利用网络层定义的"逻辑"上的网络地址 (IP 地址) 来区别不同的网络，实现网络的互联和隔离，保持各个网络的独立性。路由器不转发广播信息，而把广播信息限制在各自的网络内部。发送到其他网络的数据包先被送到路由器，再由路由器转发出去。

目前 TCP/IP 网络中，路由器不仅负责对 IP 分组的转发，还要负责与别的路由器进行联络，共同确定路由选择和维护路由表。

路由动作包括两项基本内容：寻径和转发。寻径即判定到达目的地的最佳路径，由路由选择算法来实现。转发即沿寻径好的最佳路径传送信息分组。路由器首先在路由表中查找，判明是否知道如何将分组发送到下一个站点 (路由器或主机)。如果路由器不知道如何发送分组，通常将该分组丢弃；否则，就根据路由表的相应表项将分组发送到下一个站点。

路由器的工作原理如图 4-11 所示。

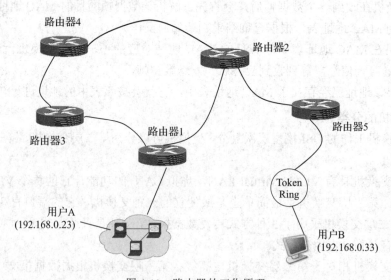

图 4-11　路由器的工作原理

假定用户 A 需要向用户 B 发送信息，并假定它们的 IP 地址分别为 192.168.0.23 和 192.168.0.33。用户 A 向用户 B 发送信息时，路由器需要执行以下过程：

(1) 用户 A 将用户 B 的地址 192.168.0.33 连同数据信息以数据帧的形式发送给路由器 1。

(2) 路由器 1 收到工作站 A 的数据帧后，先从报头中取出地址 192.168.0.33，并根据路由表计算出发往用户 B 的最佳路径，并将数据帧发往路由器 2。

(3) 路由器 2 重复路由器 1 的工作，并将数据帧转发给路由器 5。

(4) 路由器 5 同样取出目的地址，发现 192.168.0.33 就在该路由器所连接的网段上，于是将该数据帧直接交给用户 B。

(5) 用户 B 收到用户 A 的数据帧，一个由路由器参加工作的通信过程至此完成。

2. 路由器的基本功能

路由器的基本功能就是路由的作用，通俗地讲就是向导作用，主要用来为数据包的转发指明方向。路由器的路由功能包含以下几个基本方面：

(1) 在网际间接收节点发来的数据包，根据数据包中的源地址和目的地址，对照自己缓存中的路由表，把数据包直接转发到目的节点。这是路由器最主要也是最基本的功能。

(2) 为网际间通信选择最合理的路由。

(3) 拆分和包装数据包。

(4) 不同协议网络之间的连接。

(5) 目前许多路由器都具有防火墙功能 (可配置独立 IP 地址的网管型路由器)，能够起到基本的防火墙作用，也就是能够屏蔽内部网络的 IP 地址，自由设定 IP 地址和通信端口过滤。

3. NAT 服务配置

1) NAT 的定义

NAT(Network Address Translation，网络地址转换) 是将一个地址域映射到另一个地址域的技术，它是路由器的一个重要的功能。NAT 允许一个机构内部的主机无须拥有注册的 Internet 地址，也可与公共域中的主机进行通信，从而缓解 IPv4 地址空间耗尽问题。

从本质上讲，NAT 是一种地址映射方法。它将 IP 地址从一个地址空间映射到另一个地址空间，并提供透明的路由。

NAT 是一种和专用网、虚拟专用网 (VPN) 有关的技术。它允许一个企业网使用一组私有地址用于企业网内部连接。企业使用一个或者少量的 Internet 有效访问地址和外界沟通，其内部使用私有地址的设备均可以通过 NAT 接入 Internet。

2) NAT 的特征

无论何种形式的 NAT 实现，都必须具有以下特征：

(1) 透明的地址分配，即外部地址的分配不需要用户的干预，当用户建立会话时，NAT 按照系统管理员的配置自动分配外部网络 IP 地址，进行地址映射。

(2) 透明的路由，即用户不必知道 NAT 是否存在。NAT 能自动地对用户的通信数据报进行透明的地址翻译和正确路由，已存在的应用程序不需要做任何修改。

(3) ICMP 错误数据报翻译。引发 ICMP 错误消息的数据报 IP 地址、端口号等要作为 ICMP 错误消息的载荷返回给数据报的发送者，使该数据报的发送者能定位引起 ICMP 错误消息的计算机和进程。ICMP 载荷内的 IP 地址等信息是在原始数据报经过 NAT 时被 NAT 转换过的，此时必须重新转换 ICMP 错误消息中的 IP 地址等信息，才能正确定位引起错误的计算机以及错误的进程。

3) NAT 的实现

下面介绍 NAT 的两个术语。

内部本地地址 (Inside Local Address)：内部网络中设备使用的 IP 地址。它用于企业内网的建立和通信。

内部合法地址 (Inside Global Address)：需要申请才可取得的 IP 地址，作为企业的对外 IP，可以在互联网上正常通信。其他内部本地地址通过转换成内部合法地址之后才能够访问 Internet。

NAT 的实现：通过 NAT 路由器的所有输出分组，把分组中的源地址都转换为 NAT 服务器 Internet 地址 (NAT 内部合法地址)；通过 NAT 路由器的所有输入分组，把分组中的目的地址即 NAT 服务器的 Internet 地址都转换为适当的企业本地地址 (即私有地址)。

上述实现是在 NAT 网关 (例如一台运行有 NAT 软件的路由器) 上创建一张地址转换表；然后 NAT 网关取出进入和外出数据报的地址查询转换表，如果查到匹配的转换项，则相应地更换源地址 (外出) 或目的地址 (进入)，并重新填写相应的 IP 头部区域。

4. 路由选择

计算机网络中的数据分组交换是由路由系统完成的。路由系统是指实现分组存储转发的各个节点 (由路由器或交换机构成) 通过线路相互连接构成的系统。路由系统是计算机网络数据传输的核心部分，构成通信子网。图 4-12 给出了路由系统构成的通信子网在计算机网络中的位置。

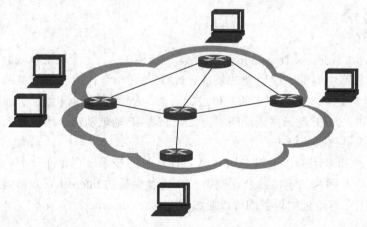

图 4-12　计算机网络中由路由系统构成通信子网

通信子网提供了多条从网络源节点到目的节点可能的传输路径。网络节点在收到一个分组后，要确定下一个传送节点，这就是路由选择。在数据报方式中，网络节点要为每个分组作出路由选择；而在虚电路方式中，只需在连接建立时确定路径。确定路径选择的策略称为路由算法。

典型的路由选择方式有静态路由和动态路由。

1) 静态路由

静态路由选择策略不用测量也无须利用网络动态信息，这种策略按某种固定规则进行路由选择。计算机网络中，静态路由是在路由器中设置固定的路由表。除非网络管理员干预，否则静态路由不会发生变化。由于静态路由不能对网络的改变做出及时反应，一般用于网络规模不大、拓扑结构固定的网络中。

静态路由的优点是简单、高效，在负载稳定、拓扑结构变化不大的网络中运行效果很好。它的缺点是灵活性差，无法应付网络中发生的拥塞和故障。在所有的路由中，静态路由优先级最高。当动态路由与静态路由发生冲突时，以静态路由为准。

缺省路由是静态路由中的一种，也是由管理员手动设置的。如果在路由表中没有与数据分组的目的地址相匹配的表项，路由器就将该数据分组发送到缺省路由器，由缺省路由器再为其选择路由。

2) 动态路由

节点的路由选择由网络当前的状态信息决定的策略称动态路由选择策略。这种策略能较好地适应网络流量、拓扑结构的变化，有利于改善网络性能。但动态路由算法复杂，会增加网络的负担，有时会因反应太快引起震荡或反应太慢不起作用。网络处于动态变化过程中将影响到数据报的转发。如果网络不稳定，将导致端到端传输性能的下降。设计性能良好的路由选择算法是路由研究中的一个重要方面。

计算机网络中的路由器之间根据路由协议交换路由信息，如果路由更新信息表明发生了网络拓扑结构变化或者路由策略变化，路由选择软件就会重新计算路由，更新路由表并发出新的路由更新信息。这些信息通过网络传输到各个路由器，引起各路由器重新启动其路由算法，并更新各自的路由表以适应网络变化，直到各个路由器对整个网络的拓扑结构和路由策略达成一致的认识。动态路由适用于网络规模大、网络拓扑复杂的网络。

整个 Internet 划分为多个自治域。所谓的自治域，是指具有统一管理机构、统一路由策略的网络。根据是否在一个自治域内部使用，动态路由协议分为内部网关协议 (IGP) 和外部网关协议 (EGP)。自治域内部采用的路由选择协议称为内部网关协议，常用的有 RIP、OSPF、IS-IS、IGRP、EIGRP 等。外部网关协议用于自治域之间进行路由选择，现在几乎都采用 BGP。

4.4　宽带 IP 城域网

随着电信竞争的日趋加剧，传统电话业务逐步进入微利时代。以 Internet 为代表的数据业务按指数增长，数据通信量占网络业务量的比例越来越高。为了适应这一发展趋势，宽带城域网已成为各大运营商建设的一个重点。宽带城域网不同于电话本地网，也不同于数据城域网，早期的城域网采用 ATM 技术，现在的城域网大多数采用的是 IP 技术，通过充分利用现有网络资源，全面实现话音、数据、图像业务的有机融合。在 IP 城域网中，需要为个人用户和大客户提供包括宽带上网、专线接入、数据互联、VPN 等在内的各种业务，为此需要组建一个高品质的运营网络。

4.4.1　宽带 IP 城域网的网络结构

1. 传统网络结构

宽带城域网从逻辑上采用分层的建网思路，这样可使网络结构明晰，各层功能实体之间的作用定位清楚，接口开放、标准。根据网络规模不同，传统的宽带城域网可分为核心层、汇聚层和接入层，如图 4-13 所示。

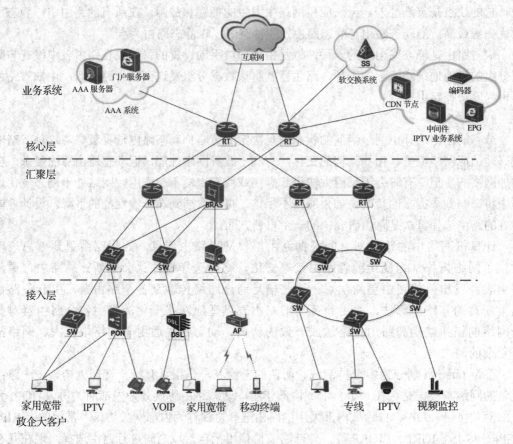

AAA—认证授权计费；RT—路由器；BRAS—宽带接入服务器；SW—交换机。

图 4-13 宽带 IP 城域网传统结构图

一般情况下，核心层和汇聚层可合为一层，称为汇聚层（有些情况可将汇聚层与接入层合并），这样有利于扩大接入层的服务范围，降低宽带城域网的建设成本。而对于大中型 IP 城域网来说，核心层和汇聚层的节点数量多，网络规模大，往往采用典型的核心层、汇聚层和接入层三层结构。其中，接入层到汇聚层之间采用静态路由方式；汇聚层到核心层之间采用 OSPF 协议；核心层以上为 BGP 协议。

（1）核心层：将多个边缘汇聚层连接起来，为汇聚层网络（各业务汇聚节点）提供数据的高速业务承载和交换通道，同时实现和国家骨干网互联，提供城市的高速 IP 数据出口。核心层网络结构重点考虑可靠性、可扩展性和开放性。核心层节点数量，大城市一般控制在 3 ～ 6 个，其他城市一般控制在 2 ～ 4 个。

核心节点原则上采用网状连接。考虑到 IP 网络的安全，一般每个 IP 宽带城域网络应选择两个核心节点与 CHINANET 骨干网络路由器实现连接。

（2）汇聚层：主要功能是给各业务接入节点提供业务的汇聚、管理和分发，将接入层的业务流汇聚到城域网核心层。汇接节点设备完成诸如 PVC 的合并和交换，L2TP、IPSec 等各类隧道的终结和交换，流分类，对用户进行鉴权、认证、计费管理，多 ISP 选择等智能业务处理机制。在汇聚层的边缘需要部署 BAS 设备，由 BAS 对接入用户进行认证和业务权限控制，为 Radius 计费系统提供时长、流量等以进行计费。

汇聚层节点的数量和位置应根据光纤和业务开展状况选定。在光纤可以保证的情况下，应保证每个汇聚层节点与两个核心节点相连。

(3) 接入层：提供 WLAN、HFC、LANswitch、xDSL 等各种接入方式，接入 PC、IP STB、PHONE、IAD 等多种终端设备，通过各种终端开展宽带接入、Internet 互联、语音、视频等业务。通过利用多种接入技术迅速覆盖用户，进行带宽和业务分配，实现用户的接入，接入节点设备完成多业务的复用和传输，并且利用光纤、双绞线和同轴电缆等连接用户。

2. 宽带 IP 城域网的主要技术

宽带 IP 城域网采用的主要技术是光传输技术，包括 SDH、WDM、光纤直连技术等。

SDH 技术成熟，具有标准的光接口和统一的复用映射结构，具有横向兼容性；以 SDH 为基础的 MSTP(多业务传送节点)技术成为新的关注热点。

WDM 技术的容量大，正逐步引入宽带 IP 城域网。考虑到城域范围比较大的特点，以及 WDM 和光纤的成本因素，并不一定追求波分复用的高密度，宜以传送网的性能价格比高作为择优的原则。

千兆以太网 (GE) 不仅进入用户住地网领域，对于中小城市，它还可以作为城域网的汇聚、接入层的候选技术。由于 GE 技术简单、成熟，与用户以太网易于连接，基于 GE 技术的小型宽带城域网方案是值得研究的。

3. 宽带 IP 城域网实例介绍

下面介绍一种宽带 IP 城域网的实例解决方案，如图 4-14 所示。

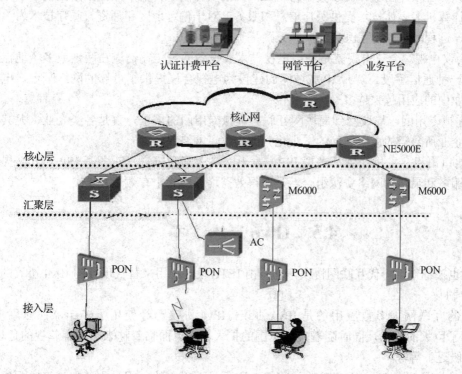

图 4-14　宽带 IP 城域网实例图

按照 IP 城域接入网络、IP 城域骨干网络、运营支撑系统的安全可靠性设计要求，华为提供了安全可靠的 IP 城域网解决方案，它包括核心层华为 NE5000E 核心路由器，汇聚层设备为 MAE 替代之前的 BRAS，主流型号为华为的 NE40E-X16 以及中兴 M6000，接入层主要采用 PON(无源光网络) 设备。

PON 设备包括 OLT(光线路终端)、无源光器件以及 ONU(光网络单元)。目前 OLT 的主要生产商为华为、中兴、烽火，其型号众多，比如华为的 MA5680t、中兴的 C300 等，均可满足用户的各种接入需求。

4.4.2 宽带 IP 城域网的业务应用

(1) 宽带上网、LAN 上网。结合各种宽带接入技术的成熟和普及，可以向用户提供以 xDSL、Cable、HFC、无线 (Wireless) 等多种上网选择，也使跨越城域网的局域网互联成为可能，用户接入的宽带化使网上各种宽带业务最终被用户接受。它主要是 10/100 Mb/s 以太网方式到桌面的方式。

(2) 视频点播 (VOD)、MP3 音乐、网上游戏。随着人们生活水平和质量的提高，生活节奏和竞争的加剧，对音乐和影音节目的需求日益增长，人们希望通过游戏来放松自己。如何做到足不出户就能尽收各种节目，这也是宽带网所能带给人们的最接近生活的享受。

(3) 远程教育、远程医疗。多媒体远程教育系统以视频 / 音频工业的最复杂的压缩和传送技术为基础,采用标准 RTP 协议，并且以把高品质的视频/音频和 HTML 页面紧密结合，可实现视频、音频、图像和文字教学材料在网上的实时同步传输。远程医疗是使用远程通信技术和计算机多媒体技术提供医疗信息和服务。对于偏远地区和师资、医疗技术力量薄弱的地区，远程教育、远程医疗的展开无疑是十分有益的。

(4) 会议电视。会议电视就是利用电视技术和设备通过传输信道在两地或多个地点进行开会的一种通信手段。宽带 IP 城域网的建设为电视会议提供了可靠的网络平台，电视会议在企业中的应用越来越多。

(5) 虚拟专用网、局域网到局域网互联。虚拟专用网的需求一直是各类企业，尤其是跨地区的企业所急需的，城域网的宽带化为此提供了网络保证。

(6) 端口出租、主机托管、虚拟 ISP。对于网络运营商来说，对各类 ISP 和 ICP 提供多样化的服务和灵活的网络资源组合，是取得效益增长的一个有效途径。

4.5 IPv6 技 术

IPv6 也被称作下一代互联网协议，它是由 IETF 设计的用来替代现行的 IPv4 协议的一种新的 IP 协议。

今天的互联网大多数应用的是 IPv4 协议，IPv4 协议已经使用了多年，在应用中，IPv4 获得了巨大的成功，同时随着应用范围的扩大，它也面临着越来越不容忽视的危机，例如地址匮乏，等等。

IPv6 是为了解决 IPv4 所存在的一些问题和不足而提出的，同时它还在许多方面提出了改进，例如路由方面、自动配置方面。经过一个较长的 IPv4 和 IPv6 共存的时期，IPv6 最终会完全取代 IPv4 在互联网上占据统治地位。

1. IPv6 的特点

(1) IPv6 地址长度为 128b，地址空间增大了 2 的 96 次方倍。

(2) 灵活的 IP 报文头部格式。使用一系列固定格式的扩展头部取代了 IPv4 中可变长度的选项字段。IPv6 中选项部分的出现方式也有所变化，使路由器可以简单路过选项而不做任何处理，加快了报文处理速度。

(3) IPv6 简化了报文头部格式，字段只有 7 个，加快报文转发，提高了吞吐量。

(4) 提高安全性。身份认证和隐私权是 IPv6 的关键特性。

(5) 支持更多的服务类型。

(6) 允许协议继续演变，增加新的功能，使之适应未来技术的发展。

2. IPv6 的优势

与 IPv4 相比，IPv6 具有以下优势：

(1) IPv6 具有更大的地址空间。IPv4 中规定 IP 地址长度为 32，即有 $2^{32}-1$ 个地址；而 IPv6 中 IP 地址的长度为 128，即有 $2^{128}-1$ 个地址。

(2) IPv6 使用更小的路由表。IPv6 的地址分配一开始就遵循聚合的原则，这使得路由器能在路由表中用一条记录表示一片子网，大大减小了路由器中路由表的长度，提高了路由器转发数据包的速度。

(3) IPv6 增加了增强的组播支持以及对流的支持，这使得网络上的多媒体应用有了长足发展的机会，为服务质量 (Quality of Service，QoS) 控制提供了良好的网络平台。

(4) IPv6 加入了对自动配置的支持。这是对 DHCP 协议的改进和扩展，使得网络 (尤其是局域网) 的管理更加方便和快捷。

(5) IPv6 具有更高的安全性。在使用 IPv6 网络中，用户可以对网络层的数据进行加密并对 IP 报文进行校验，极大地增强了网络的安全性。

3. IPv6 的编址

从 IPv4 到 IPv6 最显著的变化就是网络地址的长度。RFC 2373 和 RFC 2374 定义的 IPv6 地址，有 128 位长；IPv6 地址的表达形式一般采用 32 个十六进制数。

在很多场合，IPv6 地址由两个逻辑部分组成：一个 64 位的网络前缀和一个 64 位的主机地址，主机地址通常根据物理地址自动生成，叫作 EUI-64(或者 64 位扩展唯一标识)。

IPv6 地址为 128 位长，但通常写作 8 组，每组 4 个十六进制数的形式。例如：

2001:0db8:85a3:08d3:1319:8a2e:0370:7344

是一个合法的 IPv6 地址。

如果 4 个数字都是零，可以被省略。例如：

2001:0db8:85a3:0000:1319:8a2e:0370:7344

等价于

2001:0db8:85a3::1319:8a2e:0370:7344

遵从这些规则，如果因为省略而出现了两个以上的冒号的话，可以压缩为一个，但这

現代通信网络技术

种零压缩在地址中只能出现一次，因此：

2001:0DB8:0000:0000:0000:0000:1428:57ab

2001:0DB8:0000:0000:0000::1428:57ab

2001:0DB8:0:0:0:0:1428:57ab

2001:0DB8:0::0:1428:57ab

2001:0DB8::1428:57ab

都是合法的地址，并且它们是等价的，但

2001::25de::cade

是非法的 (因为这样会使得搞不清楚每个压缩中有几个全零的分组)。

同时前导的零可以省略，因此：

2001:0DB8:02de::0e13 等价于 2001:DB8:2de::e13

如果这个地址实际上是 IPv4 的地址，后 32 位可以用十进制数表示，因此：

ffff:192.168.89.9 等价于 ::ffff:c0a8:5909

但不等价于

::192.168.89.9 和 ::c0a8:5909

ffff:1.2.3.4 格式叫作 IPv4 映像地址，是不建议使用的。而 ::1.2.3.4 格式叫作 IPv4 一致地址。

IPv4 地址可以很容易转化为 IPv6 格式。举例来说，如果 IPv4 的一个地址为 135.75.43.52(十六进制为 0x874B2B34)，它可以被转化为

0000:0000:0000:0000:0000:0000:874B:2B34 或者 ::874B:2B34

同时，还可以使用混合符号 (IPv4-compatible address)，则地址可以为 ::135.75.43.52。

4. IPv6 的文本表现形式

以下是用来将 IPv6 地址表示为文本字符串的三种常规形式：

(1) 冒号十六进制形式。这是首选形式为 *n:n:n:n:n:n:n:n*。每个 *n* 都表示 8 个 16 位地址元素之一的十六进制值。例如：

3FFE:FFFF:7654:FEDA:1245:BA98:3210:4562

(2) 压缩形式。由于地址长度要求，地址包含由零组成的长字符串的情况十分常见。为了简化对这些地址的写入，可以使用压缩形式，在这一压缩形式中，多个 0 块的单个连续序列由双冒号符号 (::) 表示。此符号只能在地址中出现一次。

例如，多路广播地址 FFED:0:0:0:0:BA98:3210:4562 的压缩形式为

FFED::BA98:3210:4562

单播地址 3FFE:FFFF:0:0:8:800:20C4:0 的压缩形式为 3FFE:FFFF::8:800:20C4:0。

环回地址 0:0:0:0:0:0:0:1 的压缩形式为 ::1。

未指定的地址 0:0:0:0:0:0:0:0 的压缩形式为 ::。

(3) 混合形式。此形式组合 IPv4 和 IPv6 地址。在此情况下，地址格式为 *n:n:n:n:n:n:d.d.d.d*，其中每个 *n* 都表示 6 个 IPv6 高序位 16 位地址元素之一的十六进制值，每个 *d* 都表示 IPv4 地址的十进制值。

5. IPv6 地址类型

地址中的前导位定义特定的 IPv6 地址类型。包含这些前导位的变长字段称为格式前

88

缀 (FP)。

IPv6 单播地址分为两部分：第一部分包含地址前缀；第二部分包含接口标识符。表示 IPv6 地址 / 前缀组合的简明方式如下所示：IPv6 地址 / 前缀长度。

以下是具有 64 位前缀的地址的示例：

3FFE:FFFF:0:CD30:0:0:0:0/64

此示例中的前缀是 3FFE:FFFF:0:CD30。该地址还可以以压缩形式写入，如 3FFE:FFFF:0:CD30::/64。

IPv6 定义以下地址类型：

1) 单播地址

单播地址是用于单个接口的标识符。发送到此地址的数据包被传递给标识的接口。通过高序位 8 位字节的值来将单播地址与多路广播地址区分开来。多路广播地址的高序列 8 位字节具有十六进制值 FF。此 8 位字节的任何其他值都标识单播地址。

以下是不同类型的单播地址：

链路-本地地址：这些地址用于单个链路并且具有以下形式：FE80::InterfaceID。链路-本地地址用在链路上的各节点之间，用于自动地址配置、邻居发现或未提供路由器的情况。链路-本地地址主要用于启动时以及系统尚未获取较大范围的地址之时。

站点-本地地址：这些地址用于单个站点并具有以下格式：FEC0::SubnetID:InterfaceID。站点-本地地址用于不需要全局前缀的站点内的寻址。

全局 IPv6 单播地址：这些地址可用在 Internet 上并具有以下格式：010(FP，3 位)TLA ID(13 位)Reserved(8 位)NLA ID(24 位)SLA ID(16 位)Interface ID(64 位)。

2) 任播地址

任播地址是一组接口的标识符 (通常属于不同的节点)。发送到此地址的数据包被传递给该地址标识的所有接口。任播地址类型代替 IPv4 广播地址。

这是按路由标准标识的最近的接口。任一广播地址取自单播地址空间，而且在语法上不能与其他地址区别开来。寻址的接口依据其配置确定单播和任一广播地址之间的差别。

通常，节点始终具有链路-本地地址。它可以具有站点-本地地址和一个或多个全局地址。

3) 组播地址

IPv6 中的组播在功能上与 IPv4 中的组播类似：表现为一组接口对看到的流量都很感兴趣。

组播分组前 8 b 设置为 FF。接下来的 4 bit 是地址生存期：0 是永久的，而 1 是临时的。接下来的 4 b 说明了组播地址范围 (分组可以达到多远)：1 为节点，2 为链路，5 为站点，8 为组织，而 E 是全局 (整个因特网)。

由于 Internet 的规模以及目前网中数量庞大的 IPv4 用户和设备，IPv4 到 IPv6 的过渡不可能一次性实现。而且，目前许多企业和用户的日常工作越来越依赖于 Internet，他们无法容忍在协议过渡过程中出现的问题。所以 IPv4 到 IPv6 的过渡必须是一个循序渐进的过程，在体验 IPv6 带来的好处的同时仍能与网络中其余的 IPv4 用户通信。能否顺利地实现从 IPv4 到 IPv6 的过渡也是 IPv6 能否取得成功的一个重要因素。

本 章 小 结

本章主要介绍 IP 网络技术的基本原理和架构，主要从网络的发展概况、网络分层及地址协议、网络组成、宽带 IP 城域网的结构以及 IPv6 协议五个方面进行阐述。

IP 网络即采用 TCP/IP 协议通信的计算机网络，计算机网络包括连接介质、网络连接设备、通信协议以及网络管理软件。按照网络规模，计算机网络分为 LAN，MAN 和 WAN。

TCP/IP 协议的层次结构分为应用层、传输层、网际层以及网络接口层四个层次，主要是依照 OSI 七层参考模型（应用层、表示层、会话层、传输层、网络层、数据链路层以及物理层）。其中，应用层定义了应用程序使用互联网的协议。相关的进程 / 应用协议，充当用户接口，提供在主机之间传输数据的应用，常用的应用层协议包括 ftp、telnet、DNS、SMTP、HTTP 等协议；传输层主要为两个用户进程之间建立、管理和拆除可靠而又有效的端到端连接，常见的传输层协议主要包括 TCP 和 UDP 协议两种；网际层定义了互联网中传输的数据报格式，以及应用路由选择协议将数据通过一个或多个路由器发送到目的站的转发机制，网际层常见的协议有 IP 协议、ARP 协议等；网际接口层定义了将数据组成正确帧的协议和在网络中传输帧的协议，主要相关协议包括以太网链路层协议，以及两个串行接口链路层协议，即 SLIP 协议或 PPP 协议。

IP 地址由两部分组成，一部分表示网络号，另一部分表示主机号。为适应不同大小的网络，一般将 IP 地址分成 A，B，C，D，E 五类。其中，A 类、B 类和 C 类是最常用的。

为了提高 IP 地址的使用效率，一个网络可以划分为多个子网：采用借位的方式，从主机最高位开始借位变为新的子网位，剩余部分仍为主机位。这使得 IP 地址的结构分为三部分：网络位、子网位和主机位。掩码定义规则：地址长度仍然为 32 位，网络位与子网位对应的二进制代码为 1，主机位（借位不算）对应的二进制代码为 0。

交换机在以太网中起到数据报文转发的作用，主要工作在 OSI 参考模型的第二层——数据链路层。按照交换机工作的 OSI 模型层次划分，交换机可以分为第二层交换机、第三层交换机、第四层交换机。

路由是指把数据从一个地方传送到另一个地方的动作和行为。而路由器就是执行这种动作行为的机器，是一种连接多个网络或网段的网络设备。路由器工作在 OSI 模型中的第三层，即网络层。路由器的基本功能就是向导作用，主要用来为数据包的转发指明方向。

宽带 IP 城域网目前主要采用 IP 技术，从逻辑上采用分层的建网思路，这样可使网络结构明晰，各层功能实体之间的作用定位清晰，接口开放、标准。传统的宽带 IP 城域网可分为核心层、汇聚层和接入层。

IP 地址协议目前主要以 IPv4 为主，逐渐向 IPv6 过渡，以解决 IP 地址枯竭的现状。

习　　题

1. 简述计算机网络的定义、组成以及分类。
2. 画出 OSI 的七层协议参考模型，并简要说明各个协议层次的主要功能。

3. 对比 TCP/IP 的协议模型与 OSI 参考模型的区别，并说明 TCP/IP 各个协议层次的功能，同时列举各个层次常见的协议。

4. 画出以太网帧格式，并分析数据报文的分层封装的过程。

5. 查询下列资料：常见的应用层相关协议对应的传输层 (TCP、UDP) 的端口号。

6. 简要说明 IP 地址中 A 类、B 类、C 类地址的分类方法。

7. 交换机可以分为哪几种？

8. 简要说明交换机、路由器的基本工作原理。

9. 画图说明宽带 IP 城域网的传统网络结构，并说明新的宽带 IP 城域网的结构特点。

10. 简述 IPv6 与 IPv4 编址方式的不同。

第5章　移动通信网

5.1　移动通信概述

5.1.1　移动通信系统的发展和演进

移动通信是指在通信中一方或双方处于移动状态的通信方式，包括移动体与移动体、移动体与固定体之间的通信。移动通信在无线通信的基础上引入用户的移动性，是一个有线与无线相结合的通信网。移动通信发展的最终目标是实现任何人可以在任何时候、任何地方与其他任何人以任何方式进行通信。

蜂窝移动通信系统从 20 世纪 70 年代发展至今，根据其发展历程和发展方向，可以划分为 1G、2G、3G、4G、5G 五个阶段，如图 5-1 所示。

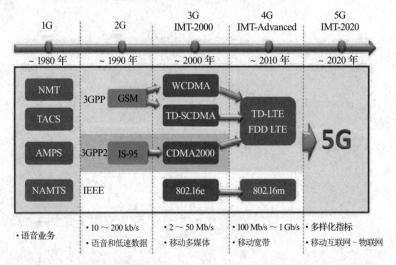

图 5-1　移动通信系统的发展

1. 第一代模拟蜂窝通信系统 (1G)

第一代移动通信系统采用模拟调制技术和 FDMA 接入方式。这类系统在使用中很快暴露了很多缺点，例如，设备体积大、成本高，频谱利用率低，保密性差，只能提供低速语音业务等。典型的第一代移动通信系统有先进移动电话业务 (AMPS) 和全接入通信系统 (TACS)。

2. 第二代数字蜂窝移动通信系统 (2G)

第二代移动通信系统采用数字调制技术以及 TDMA 或 CDMA 接入方式，具有频谱利用率较高、保密性好、系统容量大、接口标准明确等优点。其很好地满足了人们对语音业务以及低速数据业务的需求，因此在世界范围内得以广泛应用。典型的第二代移动通信系统有全球移动通信系统 (Global System for Mobile，GSM) 和 IS-95 系统。

3. 第三代移动通信系统 (3G)

第三代移动通信系统是宽带数字通信系统，其设计目标是：实现 144 kb/s 的车载通信速率、384 kb/s 的步行通信速率和 2 Mb/s 的室内通信速率；在业务上更加重视移动多媒体业务，能提供多种类型的高质量多媒体业务，语音业务占的比例则越来越小；能实现全球无缝覆盖，具有全球漫游能力，并与固定网络相互兼容。第三代移动通信技术的标准化工作由 3GPP 和 3GPP2 两个标准化组织来推动和实施。

目前，在世界范围内影响最广泛的第三代移动通信系统标准为 CDMA 2000、WCDMA、TD-SCDMA、WiMAX。2009 年 1 月 7 日，工业和信息化部发放三张 3G 牌照，中国移动获得 TD-SCDMA 牌照，中国电信获得 CDMA 2000 牌照，中国联通获得 WCDMA 牌照。

4. 第四代移动通信系统 (4G)

4G 是第四代移动通信技术的简称，与 2G，3G 相比，4G 可以实现更快的上网速度、更多的应用场景。4G 的下载速度峰值理论上可以达到 100 Mb/s，比 3G 快 5 ~ 10 倍。在 2007 年 11 月的国际电信联盟 (ITU) 的正式会议上，B3G 和 4G 技术正式统一命名为 IMT Advanced。

4G 采用 OFDMA(正交频分多址)、MIMO(多输入多输出) 等技术，采用纯 IP 网络来承载，可以提供更快的上网速度，而且在高速移动过程中不会断网。4G 有两个制式：FDD-LTE(频分双工长期演进) 和 TD-LTE(时分双工长期演进)。二者在技术上并没有太多差别，FDD-LTE 更适合广度覆盖，TD-LTE 更适合室内覆盖、室外扩容。2013 年 12 月 4 日，工业和信息化部正式向中国移动、中国电信、中国联通颁布三张 4G 牌照，均为 TD-LTE 制式。2015 年 2 月 27 日，工业和信息化部正式向中国电信和中国联通发放了 FDD-LTE 牌照。

2018 年 4 月 3 日，工业和信息化部向中国移动发放 FDD-LTE 牌照。

5. 第五代移动通信系统 (5G)

5G 是 4G、3G 和 2G 系统的延伸。5G 的性能目标是高数据速率、低时延、节省能源、降低成本、提高系统容量和大规模设备连接。5G 第一阶段标准版本 Release-15 是为了适应早期的商业部署，第二阶段标准版本 Release-16 于 2020 年完成，作为 IMT-2020 技术的候选提交给 ITU。ITU IMT-2020 规范要求传输速率高达 20 Gb/s，可以实现宽信道带宽和大容量 MIMIO。

在 OFDMA 和 MIMO 基础技术上，5G 为支持三大应用场景，采用了灵活的全新系统设计。在频段方面，5G 同时支持中低频和高频频段，并支持百 MHz 的基础带宽。为了支持高速率传输和更优覆盖，5G 采用 LDPC、Polar 新型信道编码方案、性能更强的大规模天线技术等。为了支持低时延、高可靠，5G 采用短帧、快速反馈、多层/多站数据重传等技术。2019 年 6 月 6 日，工信部正式向中国电信、中国移动、中国联通、中国广电发放 5G 商用牌照，中国正式进入 5G 商用元年。2019 年 10 月 31 日，国内三大电信运营商公布 5G 商用套餐并于 11 月 1 日正式上线 5G 商用套餐。

5.1.2　移动通信系统的基本组成

移动通信系统大体可分为 4 个部分：用户设备、无线接入网、核心网和业务支撑系统。用户设备 (UE)，通常所讲的手机用户就属于 UE，UE 所生成的模拟信号是通过无线传输到基站的；2G 和 3G 无线接入网 (RAN) 包括基站 (2G 称 BSS，3G 称 NodeB) 和基站控制器 (2G 称 BSC，3G 称 RNC)，其中基站到控制器是通过光纤传输；4G 和 5G 无线接入网只有基站 (LTE 称 eNodeB，5G 称 gNB)。核心网 (CN)，2G 称 NSS，3G 称 CN，4G 称 EPC，5G 称 NGC，接入网到核心网也是通过光纤传输的。LTE 移动通信系统架构如图 5-2 所示。

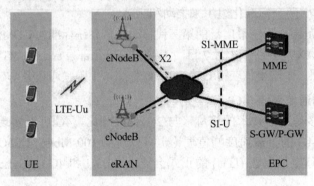

图 5-2　移动通信系统的基本组成

5.1.3　移动通信的特点

移动通信与固定通信相比具有以下 6 个特点：采用无线传输方式，电波传播环境复杂，频率是移动通信最宝贵的资源，在强干扰条件下工作，移动通信组网技术复杂，移动台的性能要求高。

5.1.4　移动通信的频谱划分

1. 中国频谱划分现状

中国移动：900 MHz 频段 (GSM/LTE FDD)、1700/1800 MHz 频段 (GSM/LTE FDD)、1900 MHz 频段 (TD-SCDMA/TD-LTE)、2000 MHz 频段 (TD-SCDMA/TD-LTE)、2300 MHz 频段 (TD-LTE)、2600 MHz 频段 (TD-LTE/5G)、4.9 GHz 频段 (5G)。

中国电信：850 MHz 频段 (CDMA/LTE FDD)、1700/1800 MHz 频段 (LTE FDD)、1900/2100 MHz 频段 (CDMA/LTE FDD/5G)、3.3 GHz 频段 (5G)、3.5 GHz 频段 (5G)。

中国联通：900 MHz 频段 (GSM/WCDMA/LTE FDD)、1700/1800 MHz 频段 (GSM/LTE FDD)、1900/2100 MHz 频段 (WCDMA/LTE FDD/5G)、2300 MHz 频段 (TD-LTE)、3.3 GHz 频段 (5G)、3.5 GHz 频段 (5G)。

中国广电：700 MHz 频段 (5G)、3.3 GHz 频段 (5G)、4.9 GHz 频段 (5G)。

2. 中国 5G 频谱现状

中国移动 (n41，n79)：在 2.6 GHz 频段上拥有 2515 ～ 2675 MHz(n41) 的 160 MHz 带宽 (其中 2515 ～ 2615 MHz(100 MHz) 用于部署 5G，2615 ～ 2675 MHz(60 MHz) 将用于部署 4G) 以及 4800 ～ 4900 MHz(n79) 的 100 MHz 5G 频段 (将用于 5G 补热、专网等)。

中国电信 (n78): 3.5 GHz 频段 (3400 ~ 3500 MHz)。

中国联通 (n78): 3.5 GHz 频段 (3500 ~ 3600 MHz)。

中国广电 (n79，n28): 4.9 GHz 频段 (4900 ~ 5000 MHz) 以及全球首个 5G 低频段 700 MHz (Sub-1 GHz，n28)。

此外，在室分方面，中国联通、中国电信、中国广电可共同使用 3300 MHz ~ 3400 MHz 的 n78 频段。

5.2　移动通信信道

5.2.1　电波传播特性

无线电波传播方式如图 5-3 所示。其中，1 为地波，2 为电离层反射的天波，3 为地面建筑或山体的反射波，4 为对流层的散射波，5 为自由空间波。

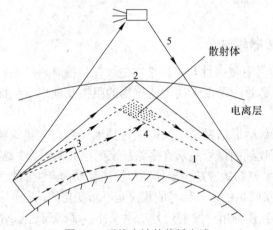

图 5-3　无线电波的传播方式

移动通信信道的电波传播方式以直接波和反射波为主。典型的移动信道电波传播路径如图 5-4 所示。同时，由于地形、地物、地质以及地球的曲率半径等影响，都会对电波的传播产生反射、折射、绕射、散射等不同程度的影响，从而会产生衰落与多普勒频移等现象。

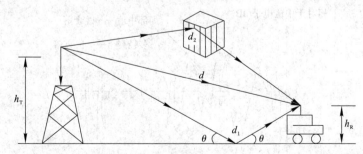

d—直射波传播距离；d_1—地面反射波传播距离；d_2—散射波传播距离。

图 5-4　典型的移动信道电波传播路径

5.2.2　移动信道特征

移动通信系统的特殊性在于利用无线电波在移动中传递信息。因此移动通信系统使用的移动信道的特点如下：

(1) 易衰减。信号在信道传递时，信号的强度与传输的距离有直接关系。移动信道是面传播，距离效应在移动信道上表现得更为明显，其信号的强度与距离的高次幂成反比。

(2) 干扰强。在移动信道中，由于自然环境中的干扰和工业干扰会引入背景噪声，而且系统中其他设备的存在，也会引入系统内干扰。移动信道中信号强度与干扰强度往往处于同一数量级，有时甚至还更低。

(3) 不稳定。在移动中通信时，环境不断发生变化，信号传输路径不断发生变化，加上多径效应的存在，因此信号传输质量非常不稳定，随时间不断波动。例如，移动信道中信号强度的快速衰落是经常发生的，衰落现象非常明显。

移动信道的传输特性还取决于无线电波传播环境。传播环境的复杂性也使得移动信道的传输特性变得十分复杂。复杂、恶劣的传播条件是移动信道的特征。解决办法：使用各种抗干扰技术，包括分集、扩频/跳频、均衡、交织和纠错编码等；使用能适应信道衰落的调制方式。

5.2.3　移动信道的传播损耗

由于移动通信环境具有复杂性与多样性，电波在传播时将产生四种不同类型的效应：

(1) 阴影效应。阴影效应是由于高大建筑物的阻挡及地形变化而引起的移动台接收点场强中值的起伏变化。

(2) 多径效应。在移动通信系统中，电波传播因受到高大建筑物的反射、阻挡以及电离层的散射，移动台所收到的信号是从许多路径来的电波的组合，这种现象称为多径效应。

(3) 多普勒效应。多普勒效应是由于移动台快速移动而产生的频率偏移现象。产生原因是移动台移动时，到达接收端的多径信号的相位是不断变化的，从而导致工作频率发生偏移。

(4) 远近效应。若各移动用户发射信号功率一样，那么到达基站时信号的强弱将不同，出现了以强压弱的现象，并使弱者(离基站较远的用户)产生掉话现象，这种现象称为远近效应。

移动信道具有三类不同层次的损耗：路径传播损耗、快衰落和慢衰落。快衰落和慢衰落如图 5-5 所示。

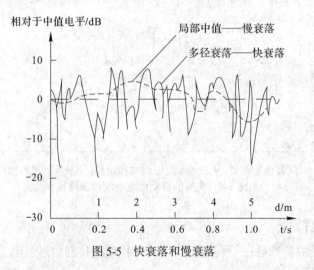

图 5-5　快衰落和慢衰落

（1）路径损耗：是由发射功率的辐射扩散及信道的传输特性造成的。在路径损耗模型中，一般认为对于相同的收、发距离，路径损耗也相同。

（2）快衰落：由于多径效应而使合成信号的幅度、相位和到达时间随机变化，多径信号造成的结果是信号的严重衰落，从而严重影响通信质量。这就是所谓的多径衰落现象，由于各种不同路径反射矢量合成的结果，使信号场强随地点不同而呈驻波分布，接收点场强包络的变化服从瑞利分布，因此又称为瑞利衰落或快衰落。

（3）慢衰落：在移动信道中，场强中值随着地理位置变化呈现慢变化，称为慢衰落或地形衰落。产生慢衰落的原因：高大建筑物的阻挡及地形变化，移动台进入某些特定区域，因电波被吸收或反射而收不到信号，从而形成电磁场阴影效应。这些区域称为阴影区 / 盲区 / 半盲区。

5.3　抗噪声和抗干扰技术

1. 扩频通信技术

扩频通信技术是一种信息传输方式，其信号所占有的频带宽度远大于所传信息必需的最小带宽；频带的扩展是通过一个独立的码序列来完成，用编码及调制的方法来实现的，与所传信息数据无关；在接收端则用同样的码进行相关同步接收、解扩及恢复所传信息数据，即以信道带宽来换取信噪比的改善。

扩频通信系统用 100 倍以上的信号带宽来传输信息，旨在有力地克服外来干扰，特别是故意干扰和无线多径衰落，即在强干扰条件下保证安全可靠地通信。扩频通信系统的基本组成框如图 5-6 所示。由图可见，扩频通信系统除了具有一般通信系统所具有的信息调制和射频调制外，还增加了扩频调制，即增加了扩频调制和解扩部分。

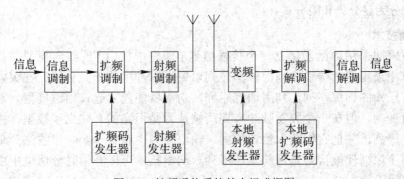

图 5-6　扩频通信系统基本组成框图

扩频技术有：直接序列扩频 (DS-SS)，包括 CDMA(码分多址)；跳频 (FH)，包括慢跳频 (SFH) 和快跳频 (FFH) 系统；时跳扩频 (TH)；混合扩频方式。

2. 功率控制技术

所谓功率控制，就是在无线传播上对手机或基站的实际发射功率进行控制，以尽可能降低基站或手机的发射功率，这样就能达到降低手机和基站的功耗以及降低整个移动通信网络干扰这两个目的。当然，功率控制的前提是要保证正在通话的呼叫拥有比较好的通信质量。使用功率控制前、后的对比图，如图 5-7 所示。

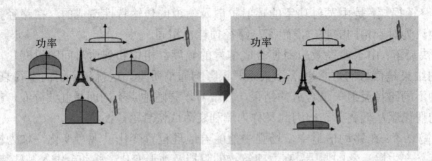

图 5-7　功率控制前、后对比

功率控制分为上行功率控制和下行功率控制，上行和下行功率控制是独立进行的。所谓上行功率控制，也就是对手机的发射功率进行控制，而下行功率控制就是对基站的发射功率进行控制。不论是上行功率控制还是下行功率控制，通过降低发射功率，都能够减少上行或下行方向的干扰，同时降低手机或基站的功耗，直接的结果就是整个网络的平均通话质量大大提高，手机的电池使用时间大大延长。

3. 分集技术

在移动状态下，信号的快衰落（瑞利衰落）和慢衰落（慢对数正态衰落）常使接收信号不稳定、通信质量严重下降。为了克服衰落，移动通信基站广泛采用分集技术。

移动通信基站可以采用两副天线，实现空间分集技术。一副叫接收天线，另一副叫分集接收天线。分集技术是在若干支路上接收相互间相关性很小的载有同一消息的信号，然后通过合并技术再将各个支路信号合并输出。这样便可在接收端大大降低深衰落的概率。

分集技术分为接收分集和发射分集，从实现的原理分为空间分集、时间分集和频率分集，也可以分为显分集和隐分集。

4. 均衡技术

均衡技术即采用均衡器建立一个传输信道（即空中接口）的数学模型，并利用该数学模型计算出最可能的传输序列。传输序列以突发脉冲串的形式传输，在突发脉冲串的中部，加有已知的训练序列，利用训练序列，均衡器能建立起该信道模型。这个模型是随时间而改变的，但在一个突发脉冲串期间被认为是恒定的。建立了模型，接着是产生全部可能的序列，并把它们馈入信道模型，输出序列中将有一个与接收序列最相似，与此对应的那个序列便被认为是当前发送序列。均衡技术可以补偿时分信道中由于多径效应产生的码间干扰。

5. 不连续发射技术 (DTX)

据统计，在一个通话过程中，移动用户的实际通话时间仅占 40%，因此 GSM 系统中引入了不连续发射技术。它是通过禁止传输用户认为不需要的无线信号来降低干扰电平，提高系统效率和容量的。DTX 一般是以 BSC 为单位进行控制的，也有厂家设备以小区为控制单位。

DTX 和常规模式并存于 GSM 移动通信系统中，可根据每次呼叫的要求由系统选择模式。在 DTX 模式下，当用户正常讲话时，编码成 13 kb/s，而在其他时候仅保持在 500 kb/s，用于模拟背景噪声，使接收端能产生信号以避免听者以为连接中断。这种模拟背景噪声有时也称为舒适噪声。正常语音帧为 260 kb/s，而 DTX 非通话时期变为 260 kb 每 480 ms，从而改善无线的干扰环境。为了实现 DTX 原理，首先要能检测语音。对于语音，编码器要能区别什么是有效语音，接收端解码器要能在间断期产生舒适噪声，这个功能称为语音激活检测技术，简称 VAD 技术。

6. OFDM 技术

OFDM (Orthogonal Frequency Division Multiplexing) 属于调制复用技术，它把系统带宽分成多个相互正交的子载波，在多个子载波上并行数据传输，如图 5-8 所示。

(a) 传统的频分复用 (FDM) 多载波技术

(b) OFDM 多载波调制技术

图 5-8　OFDM 与 FDM 的不同

各个子载波的正交性是由基带 IFFT(Inverse Fast Fourier Transform) 实现的。由于子载波带宽较小 (15 kHz)，多径时延将导致符号间干扰 ISI，破坏子载波之间的正交性，因此，在 OFDM 符号间插入保护间隔，通常采用循环前缀 CP 来实现。

在 LTE 中，有下行多址接入技术 (OFDMA) 和上行多址接入技术 (Single Carrier-FDMA，SC-FDMA)。

7. MIMO 技术

LTE 下行支持 MIMO(Multiple-Input Multiple Output) 技术进行空间维度的复用。空间复用支持 SU-MIMO(Single-User-MIMO) 模式或者 MU-MIMO (Multiple-User-MIMO) 模式。SU-MIMO 和 MU-MIMO 都支持通过 Pre-coding 的方法来降低或者控制空间复用数据流之间的干扰，从而改善 MIMO 技术的性能。在 SU-MIMO 中，空间复用的数据流调度给一个单独的用户，提升该用户的传输速率和频谱效率。在 MU-MIMO 中，空间复用的数据流调度给多个用户，多个用户通过空分方式共享同一时频资源，系统可以通过空间维度的多用户调度获得额外的多用户分集增益。

受限于终端的成本和功耗，实现单个终端上行多路射频发射和功放的难度较大。因此，LTE 正研究在上行采用多个单天线用户联合进行 MIMO 传输的方法，称为 Virtual-MIMO。调度器将相同的时频资源调度给若干个不同的用户，每个用户都采用单天线方式发送数据，系统采用一定的 MIMO 解调方法进行数据分离。采用 Virtual-MIMO 方式能同时获得 MIMO 增益以及功率增益 (相同的时频资源允许更高的功率发送)，而且调度器可以控制多用户数据之间的干扰。同时，通过用户选择可以获得多用户分集增益。

8. 小区干扰控制

在 LTE 系统中，各小区采用相同的频率进行发送和接收。与 CDMA 系统不同的是，LTE 系统并不能通过合并不同小区的信号来降低邻小区信号的影响。因此必将在小区间产生干扰，小区边缘干扰尤为严重。

为了改善小区边缘的性能，系统上、下行都需要采用一定的方法进行小区干扰控制。目前正在研究的方法有：

(1) 干扰随机化：被动的干扰控制方法。目的是使系统在时频域受到的干扰尽可能平均，可通过加扰、交织、跳频等方法实现。

(2) 干扰对消：终端解调邻小区信息，对消邻小区信息后再解调本小区信息；或利用交织多址 IDMA 进行多小区信息联合解调。

(3) 干扰抑制：通过终端多个天线对空间有色干扰特性进行估计和抑制，可以分为空间维度和频率维度进行抑制，系统复杂度较大，可通过上、下行的干扰抑制合并 IRC 实现。

(4) 干扰协调：主动的干扰控制技术，对小区边缘可用的时频资源做一定的限制。这是一种比较常见的小区干扰抑制方法。

5.4 多址接入技术

多址技术是指多个独立用户同时使用传输介质而互不影响。目前，移动通信中使用了 FDMA、TDMA、CDMA、SDMA 和 OFDM(见 5.3 节) 技术。

1. FDMA

FDMA(频分多址) 就是每个用户使用不同的频率，一个信道对应一个频率，如图 5-9 所示。

2. TDMA

TDMA(时分多址) 就是每个用户使用不同的时隙，一个信道就是特定频率的特定时隙。如图 5-9 所示。

3. CDMA

CDMA(码分多址) 就是每个用户使用相同的频率，但采用不同的码序列，一个信道对应一种独特的码序列，如图 5-9 所示。

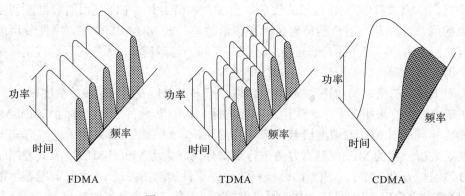

图 5-9　FDMA、TDMA 和 CDMA

4. SDMA

SDMA(空分多址) 也称为多光束频率复用，它通过标记不同方位的相同频率的天线光束来进行频率的复用。这种多址方式是智能天线技术的集中体现，它要以天线技术为基础，理想情况下，要求天线给每个用户分配一个点波束，这样根据用户的空间位置就可以区分每个用户的无线信号，如图 5-10 所示。

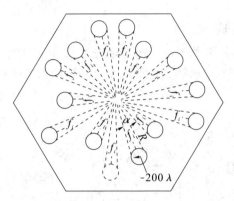

f_i—工作频点；α—波束夹角；R—波束覆盖的半径。

图 5-10　空分多址

5. OFDMA

正交频分多址接入 (OFDMA) 就是将传输带宽划分成正交的互不重叠的一系列子载波集，将不同的子载波集分配给不同的用户实现多址。OFDMA 系统可动态地把可用带宽资源分配给需要的用户，很容易实现系统资源的优化利用。由于不同用户占用互不重叠的子载波集，在理想同步情况下，系统无多址干扰 (MAI)，如图 5-11 所示。

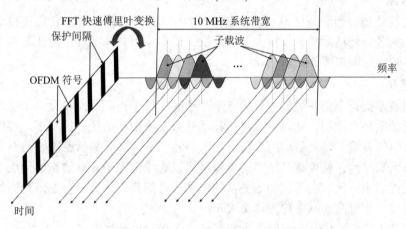

图 5-11　OFDMA

6. SC-FDMA

单载波频分多址接入 (SC-FDMA) 就是能够灵活实现动态频带分配，其调制是通过 DFT-S-OFDM(Discrete Fourier Transform Spread OFDM) 技术实现的。DFT-S-OFDM 类似于 OFDM，不同用户占用相互正交的子载波，每个用户占用系统带宽中的某一部分，占用带宽大小取决于用户的需求和系统调度结果。

7. NOMA

非正交多址接入 (NOMA) 就是在发送端采用非正交发送，主动引入干扰信息，在接收端通过串行干扰删除接收机实现正确解调。NOMA 可以很好地提高频谱效率。

5.5　移动通信组网技术

5.5.1　移动通信网的体制

移动通信网的体制划分多种多样，按多址方式不同可分为 FDMA、TDMA、CDMA、SDMA、OFDM 等，按无线区域覆盖范围的大小不同可分为大区制、小区制两种基本形式，如图 5-12 所示。

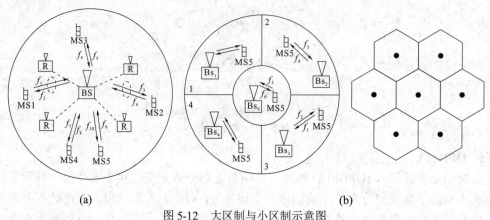

(a)　　　　　　　　　　　　　　　　　　(b)

图 5-12　大区制与小区制示意图

1. 大区制

大区制就是在一个服务区域(如一个城市)内只有一个基站并由它负责移动通信的联络和控制。大区制结构简单、投资少、见效快。根据我国具体情况，现在基本上不采用大区制。大区制示意图如图 5-12(a) 所示。

2. 小区制

小区制就是把整个服务区域划分成若干个小区，每个小区分别设置一个基站，负责本区移动通信的联络和控制。同时，又可在移动业务交换中心的统一控制下，实现小区之间移动用户通信的转接，以及移动用户与市话用户的联系。小区制示意图如图 5-12(b) 所示。

采用小区制组网，整个移动网络的覆盖区可以看成由若干正六边形的无线小区相互邻接而构成的面状服务区。由于这种服务区的形状很像蜂窝，因此这种系统称为蜂窝式移动通信系统，与之相对应的网络称为蜂窝式网络。

随着移动用户的发展，无线网络不断扩容，多采用小区制形式。

5.5.2　移动通信服务区

服务区是指移动台可以获得通信服务的区域。无线组网服务区的划分主要有带状服务区和面状服务区。

1. 带状服务区

1) 带状服务区的结构

所谓带状服务区，是指无线电场强覆盖呈带状的区域，结构如图 5-13 所示。这种区域的划分能按照纵向排列进行。在业务区比较狭窄时，基站可以使用强方向性的天线(定向天线)，整个系统是由许多细长区域环连而成的。因为这种系统呈链状，故也称链状网。

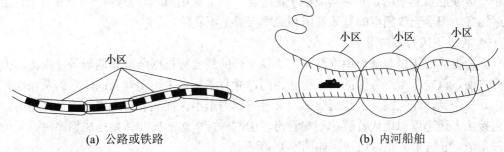

(a) 公路或铁路　　　　　　　　　(b) 内河船舶

图 5-13　带状服务区示意图

2) 带状服务区的小区频率配置

为了避免相邻小区使用同一频率造成电波相互干扰 (即同频干扰)，往往把各相邻小区采用两个频率 A、B 组成一组 (或 A 频率群与 B 频率群) 依次配置，叫作二频制。同样，当 A、B、C 三个频率组成一组时，称为三频制。有的国家 (如德国) 把 A 区域频率定为 f_1，B 区域频率定为 f_2，C 区域频率定为 f_3，f_1、f_2、f_3 皆为固定台频率，f_4 为移动台频率，共同组成一组，称为四频制。各频率配置如图 5-14 所示。

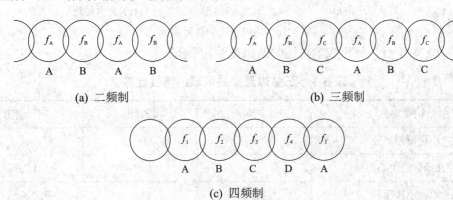

(a) 二频制　　　　　　　　　　　　　(b) 三频制

(c) 四频制

图 5-14　带状服务区频率分配方式

对于频率的配置，首先考虑通信质量，那么采用四频制组网最为合适；其次考虑系统容量，那么采用二频制组网最为合适，其频率的利用率最高。实际组网的过程中，要兼顾通信质量和系统容量，因此建议采用三频制组网方式。

3) 带状服务区的应用

带状服务区主要应用于覆盖沿海区域或内河道的船舶通信、高速公路的通信和铁路沿线上的列车无线调度通信，其业务范围是一个狭长的带状区域。

2. 面状服务区

1) 面状服务区的结构

所谓面状服务区，是指无线电场强覆盖呈宽广平面的区域，如图 5-15 所示。

在面状服务区中，其每个无线小区使用的无线频率不能同时在相邻区域内使用，否则将产生同频干扰。有时，由于地形起伏大，即使隔一个小区也不能使用相同的频率，而需要相隔

图 5-15　面状服务区结构图

两个小区才能重复使用。如果从减小干扰考虑，重复使用的频率最好是三个或三个以上的小区为好。但从无线频道的有效利用和成本来说是不利的。

2) 构成小区的几何图形

因为电波的传播和地形地物有关，所以小区的划分应根据环境和地形条件而定。为了研究方便，假定整个服务区的地形地物相同，并且基地台采用全向天线，它的覆盖面积大体上是一个圆，即无线小区是圆形的。又考虑到多个小区彼此邻接来覆盖整个区域时，用圆内接正多边形近似地代替圆。不难看出，由圆内接多边形彼此邻接构成平面时，只能是正三角形、正方形和正六边形，如图 5-16 所示。

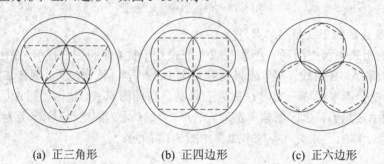

| (a) 正三角形 | (b) 正四边形 | (c) 正六边形 |

图 5-16　构成小区的几何图形

现将这三种面状区域组成的特性归纳如表 5-1 所示。

表 5-1　正多边形交叠区域的特性比较

小区特征	正三角形	正方形	正六边形
小区覆盖半径	r	r	r
相邻小区的中心距离	r	$1.41r$	$1.73r$
单位小区面积	$1.3r^2$	$2r^2$	$2.6r^2$
交叠区域距离	r	$0.59r$	$0.27r$
交叠区域面积	$1.2\pi r^2$	$0.73\pi r^2$	$0.35\pi r^2$
最少频率个数	6	4	3

由图 5-16 和表 5-1 可知，正六边形的中心间隔最大，覆盖面积最大，交叠区面积小，交叠区域距离小，所需的频率个数最少。因此，对于同样大小的服务区域，采用正六边形构成小区制所需的小区数最少，由于交叠距离最小，将使位置登记等有关技术问题较易解决。由此可知，面状区域组成方式最好是正六边形，而正三角形和正方形因为重叠面积较大，一般不采用。

3) 单位无线区群的构成方法

单位无线区群反映了蜂窝移动通信网的组网特征，先由若干个正六边形小区构成单位无线区群，再由单位无线区群组成服务区。其中，构成单位无线区群是关键。

(1) 单位无线区群的构成条件。

① 若干单位无线区群能彼此邻接；

② 相邻单位无线区群区中的同频小区中心间隔距离相等。

满足以上两个条件可得关系式如下：

$$N = i^2 + ij + j^2 \tag{5-1}$$

式中：N 为构成单位无线区群的正六边形的数目；i、j 均为正数，包括零在内，但 i、j 不能同时为零。

(2) 单位无线区群的构成图形。

由式 (5-1) 可确定 $N = 1$，3，4，7，9，12，13，…对应的常见的单位无线区群的构成图形如图 5-17 所示。

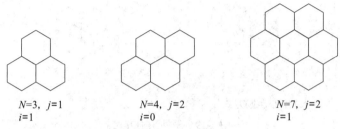

$N=3, j=1$　　$N=4, j=2$　　$N=7, j=2$
$i=1$　　　　　$i=0$　　　　　$i=1$

图 5-17　常见的单位无线区群图形

在单位无线区群内各小区分配一个波道组，且互不相同，再由单位无线区群彼此邻接排布构成都更大的服务区，如图 5-18 所示。

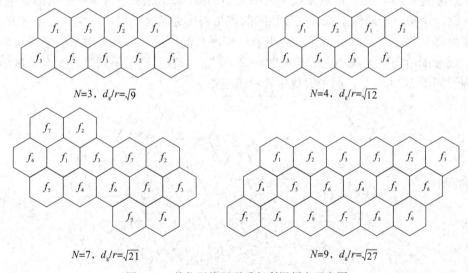

$N=3, d_g/r=\sqrt{9}$　　　　$N=4, d_g/r=\sqrt{12}$

$N=7, d_g/r=\sqrt{21}$　　　　$N=9, d_g/r=\sqrt{27}$

图 5-18　单位无线区群重复利用频率示意图

从图 5-17 可见，蜂窝移动通信网的最大特点为频率重复利用，但相同频率的小区基站中心间距 (d_g) 应不大于 (或等于) 同频复用距离 (D)。d_g 取决于单位无线区群中无线小区数 (N) 和无线小区半径 (r)；d_g、r 与 N 三者的关系满足：

$$d_g/r = \sqrt{3N} \quad \text{或} \quad d_g = \sqrt{3N}\, r \tag{5-2}$$

可见，N 取值越大，d_g 就越大，则同频干扰越小，通信质量越好；N 取值越小，d_g 就越小，则同频干扰增大，但频率的利用率提高。

4) 基站激励方式

在各种蜂窝方式中，根据基站所设位置的不同有两种激励方式。

(1) 中心激励方式。在设计时，若基站位于无线区的中心，则采用全向天线实现无线区的覆盖，这称为中心激励方式，如图 5-19(a) 所示。

(2) 顶点激励方式。若在每个蜂窝相同的三个角顶上设置基站，并采用三个互成 120° 扇形覆盖的定向天线，同样能实现小区覆盖，这称为顶点激励方式，如图 5-19(b) 所示。

由于顶点激励方式采用定向天线，对来自 120° 主瓣之外的同信道干扰信号来说，天线方向性能提供一定的隔离度，降低了干扰，因而允许以较小的同频道复用比 (D/r) 工作，构成单位无线区群的无线小区数 N 可以降低。

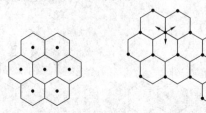

(a) 中心激励方式   (b) 顶点激励方式

图 5-19   基站激励方式

5) 小区分裂

小区分裂是提升系统容量的措施之一。前面讨论的前提是假定整个服务区的容量密度 (用户密度) 是均匀的，所以无线小区的大小相同，每个无线小区分配的信道数也相同。但是，就一个实际的通信网来说，各地区的容量密度通常是不同的。例如，市区密度高，市郊密度低。为了适应此种情况，对于容量密度高的地区，应将无线小区适当地划分小一些，或分配给每个无线小区的信道数应多一些。当容量密度不同时，无线区域划分的一个例子如图 5-20 所示。图中的数字表示信道数。

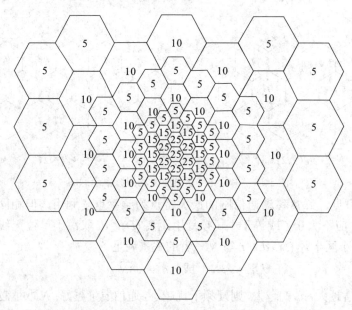

图 5-20   容量密度不等时，区域划分的例子

考虑到用户数随时间的增长而不断增长，当原有无线区的容量密度高到出现话务阻塞

时，可以将原无线区再细分为更小的无线区，以增大系统的容量和容量密度。其划分方法是将原来有的无线区一分为三或一分为四。图 5-21 所示是一分为四的情形。

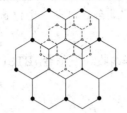

图 5-21　无线小区分解的图示

5.5.3　区域定义

在小区制移动通信网中，基站设置很多，移动台又没有固定的位置，移动用户只要在服务区域内，无论移动到何处，移动通信网必须具有交换控制功能，以实现位置更新、越区切换和自动漫游等功能。

在数字移动通信系统中，区域定义如图 5-22 所示。

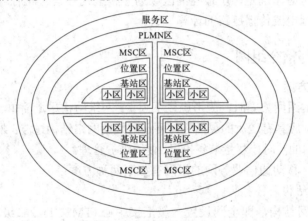

图 5-22　GSM 区域定义

1. 服务区

服务区是指移动台可获得服务的区域，即不同通信网 (如 PLMN、PSTN 或 ISDN) 用户无须知道移动台的实际位置而可与之通信的区域。

一个服务区可由一个或若干公用陆地移动通信网 (PLMN) 组成，可以是一个国家的一部分，也可以是若干个国家。

2. PLMN 区

PLMN 区是由一个公用陆地移动通信网 (PLMN) 提供通信业务的地理区域。PLMN可以认为是网络 (如 ISDN 或 PSTN) 的扩展，一个 PLMN 区可由一个或若干个移动业务交换中心 (MSC) 组成。该区具有共同的编号制度和共同的路由计划。MSC 构成固定网与PLMN 之间的功能接口，用于呼叫接续等。

3. MSC 区

MSC 区是由一个移动业务交换中心所控制的所有小区共同覆盖的区域构成的 PLMN网的一部分。一个 MSC 区可以由一个或若干个位置区组成。

4. 位置区

位置区是指移动台可任意移动但不需要进行位置更新的区域。位置区可由一个或若干个小区 (或基站区) 组成。为了呼叫移动台，可在一个位置区内所有基站同时发出寻呼信号。

5. 基站区

位于同一基站的一个或数个基站收、发信台 (BTS) 包括的所有小区所覆盖的区域，即为基站区。

6. 小区

采用基站识别码或全球小区识别码进行识别的无线覆盖区域，即为小区。采用全向天线时，小区即为基站区。采用定向天线时，小区即为扇区，这时一个基站含有多个小区。

总之，无线区域的划分和组成，应根据地形地物情况、容量密度、通信容量、有效利用频谱等因素综合考虑。尤其是当整个服务区的地形地物复杂时，更应根据实际情况划分无线区，先利用 50 万分之一 (或百万分之一) 的地形图作整体安排，初步确定基地台位置及无线区大小，找出几种可能的方案，然后根据现场调查和勘测进行比较。从技术、经济、使用、维护等方面考虑，确定一个最佳的区域划分和组成方案。最后，根据无线区的范围和通信质量要求进行电波传播链路的计算。

5.5.4 移动业务与信令组网

1. 业务网组网方案

在确定业务网的组网方案时，应考虑以下因素：网络结构尽量简单、清晰，便于实施；建网初期的网络结构应具有较大的灵活性，便于向终期网络结构过渡；兼顾技术经济的合理性，在采用先进技术的同时，尽量节省投资；便于维护管理。

根据上述原则，移动通信业务网的组网有如下两种方案：

1) 三级业务网结构

采用三级业务网结构，即全网设置一级汇接中心 (TMSC1)、二级汇接中心 (TMSC2) 和本地移动业务交换中心 (MSC)。该方案具体网络结构如图 5-23 所示。

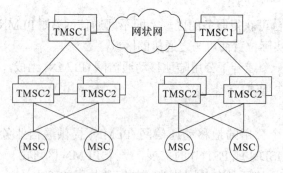

图 5-23　三级业务网结构示意图

2) 二级业务网结构

采用二级业务网结构，即全网划分汇接中心和本地移动交换中心。每个移动端局分别至少连接两个汇接局。根据业务量的大小，两级汇接中心可以是不带用户的单独的汇接中心，也可以既作为移动端局 (与基站相连，带移动用户)，又作为汇接中心的移动交换局。

该方案具体网络结构如图 5-24 所示。

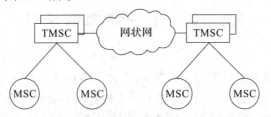

图 5-24　两级业务网结构示意图

对于这两种方案的选择，在建网初期用户容量不大时，采用方案一，电路利用率较高。随着业务量的增加，可以采用逐步增加一级汇接中心 (兼二级汇接中心) 的方法，由三级网络向二级网络平滑过渡。

2. 信令网组网方案

采用三级信令网结构，即全网设置高级信令转接点 (HSTP)、低级信令转接点 (LSTP) 和信令点 (SP)。该方案具体网络结构如图 5-25 所示。

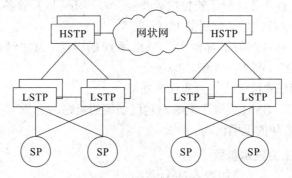

图 5-25　三级信令网结构示意图

目前，信令网采用三级结构，但为了向二级网过渡，降低建网费用，仍然要严格控制 LSTP 的数量，各省应尽量选用大容量 LSTP 设备以减少 LSTP 的数量。对于一对 LSTP 就可满足信令需求的省、自治区、直辖市，当其 HSTP 独立出来以后，在容量允许的情况下，HSTP 应兼容 LSTP，形成 STP、SP 的两级结构。

3. 业务网与信令网的关系

在移动业务网与移动信令网中，业务网的各网元与信令网的关系如图 5-26 所示。

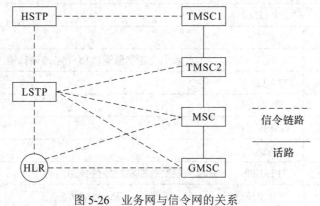

图 5-26　业务网与信令网的关系

5.6 GSM 移动通信系统

5.6.1 概述

由于第一代模拟移动通信系统存在的缺陷和市场对移动通信容量的巨大需求，20 世纪 80 年代初期，欧洲电信管理部门成立了一个被称为 GSM(移动特别小组) 的专题小组研究和发展泛欧各国统一的数字移动通信系统技术规范，1988 年确定了采用以 TDMA 为多址技术的主要建议与实施计划，1990 年开始试运行，然后进行商用，到 1993 年中期已经取得相当成功，吸引了全世界的注意，并建成了世界上最大的移动通信网。因此，GSM 移动通信系统是泛欧数字蜂窝移动通信网的简称，现重命名为 "Global System for Mobile Communication"，即 "全球移动通信系统"。

1. GSM 系统的特点

(1) GSM 的移动台具有漫游功能。

(2) GSM 提供多种业务，除了能提供语音业务外，还可以开放各种承载业务、补充业务和与 ISDN 相关的业务，可与今后的 ISDN 兼容。

(3) GSM 系统通话音质好，容量大。GSM 系统的容量 (每兆赫每小区的信道数) 比 TACS(全接入通信系统) 高 3 ～ 5 倍。

(4) GSM 具有较好的抗干扰能力和保密功能。

(5) 越区切换功能，GSM 采取主动参与越区切换的策略。

(6) 具有灵活、方便的组网结构。

2. GSM 系统的主要技术参数

GSM 系统的主要技术参数如表 5-2 所示。

表 5-2　GSM 系统的主要技术参数

技术指标	技术参数
频段	GSM900：上行：890 ～ 915 MHz；下行：935 ～ 960 MHz。 DCS1800：上行：1805 ～ 1880 MHz；下行：1710 ～ 1785 MHz
频带宽度	GSM900：主要频带宽度为 25 MHz；DCS1800：75 MHz
上下行频率间隔	GSM900：45 MHz；DCS1800：95 MHz
载频间隔	200 kHz
通信方式	全双工
信道分配	每载波 8 时隙，包含 8 个全速率信道、16 个半速率信道
每个时隙传输比特率	33.8 kb/s
信道总速率	270.83 kb/s
调制方式	GMSK 调制
接入方式	TDMA
语音编码	RPE-LTP，13 kb/s 的规则脉冲激励线性预测编码
信道技术	跳频 217 跳 /s，交错信道编码，自适应均衡

5.6.2　系统组成及提供的业务

1. GSM 系统组成

GSM 蜂窝移动通信系统主要是由交换网络子系统 (NSS)、无线基站子系统 (BSS)、操作维护子系统 (OSS) 和移动台 (MS) 四大部分组成,如图 5-27 所示。

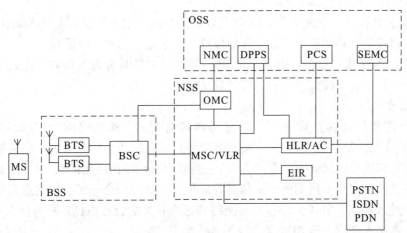

OSS—操作子系统；BSS—基站子系统；NSS—网络子系统；NMC—网络管理中心；
DPPS—数据后处理系统；SEMC—安全性管理中心；PCS—用户识别卡个人化中心；
OMC—操作维护中心；MSC—移动交换中心；VLR—拜访位置寄存器；HLR—归属位置寄存器；
AC—鉴权中心；EIR—移动设备识别寄存器；BSC—基站控制器；BTS—基站收发信台；
PDN—公用数据网；PSTN—公用电话网；ISDN—综合业务数字网；MS—移动台。

图 5-27　GSM 系统结构

1) 交换网络子系统

交换网络子系统主要完成交换功能和客户数据与移动性管理、安全性管理所需的数据库功能。NSS 由一系列功能实体所构成,各功能实体介绍如下:

(1) MSC:是 GSM 系统的核心,是对位于它所覆盖区域中的移动台进行控制和完成话路交换的功能实体,也是移动通信系统与其他公用通信网之间的接口。它可完成网络接口、公共信道信令系统和计费等功能,还可完成 BSS、MSC 之间的切换和辅助性的无线资源管理、移动性管理等。另外,为了建立至移动台的呼叫路由,每个 MSC 还应能完成入口 MSC(GMSC) 的功能,即查询位置信息的功能。

(2) VLR:是一个数据库,存储了 MSC 处理所管辖区域中 MS(统称拜访客户) 的来话、去话呼叫所需检索的信息,如客户的号码、所处位置区域的识别、向客户提供的服务等参数。

(3) HLR:也是一个数据库,存储了管理部门用于移动客户管理的数据。每个移动客户都应在其归属位置寄存器 (HLR) 注册登记。HLR 中主要存储两类信息:一类是有关客户的参数;另一类是有关客户目前所处位置的信息,以便建立至移动台的呼叫路由,如 MSC、VLR 地址等。

(4) AC/AUC:用于产生为确定移动客户的身份和对呼叫保密所需鉴权、加密的三个参数 (随机号码 RAND、符号响应 SRES、密钥 Kc) 的功能实体。

(5) EIR：也是一个数据库，存储有关移动台设备参数。它主要完成对移动设备的识别、监视、闭锁等功能，以防止非法移动台的使用。

2) 无线基站子系统

无线基站子系统是在一定的无线覆盖区中由 MSC 控制，与 MS 进行通信的系统设备，它主要负责完成无线发送、接收和无线资源管理等功能。功能实体可分为基站控制器 (BSC) 和基站收、发信台 (BTS)。

(1) BSC：具有对一个或多个 BTS 进行控制的功能，它主要负责无线网络资源的管理、小区配置数据管理、功率控制、定位和切换等，是个很强的业务控制点。

(2) BTS：无线接口设备，它完全由 BSC 控制，主要具有无线传输，完成无线与有线的转换、无线分集、无线信道加密、跳频等功能。

3) 移动台

移动台就是移动客户设备部分，它由两部分组成：移动终端 (MS) 和客户识别卡 (SIM)。移动终端就是"机"，它可完成话音编码、信道编码、信息加密、信息的调制和解调、信息发射和接收。SIM 卡就是"人"，它类似于我们现在所用的 IC 卡，因此也称为智能卡，存有认证客户身份所需的所有信息并能执行一些与安全保密有关的重要信息，以防止非法客户进入网络。SIM 卡还存储与网络和客户有关的管理数据，只有插入 SIM 卡后，移动终端才能接入进网，但 SIM 卡本身不是代金卡。

4) 操作维护中心

GSM 系统还有个操作维护中心 (OMC)，它主要是对整个 GSM 网络进行管理和监控。通过它实现对 GSM 网内各种部件功能的监视、状态报告、故障诊断等功能。OMC 与 MSC 之间的接口目前还未开放，因为 CCITT 对电信网络管理的 Q3 接口标准化工作尚未完成。

2. GSM 系统提供的业务

1) GSM 支持的基本业务

基本业务又包括了电信业务和支撑业务。

电信业务 (Teleservices)，又称用户终端业务，为用户通信提供包括终端设备功能在内的完整能力。例如语音传输、紧急呼叫、短消息、传真。

承载业务 (Bearer Services) 提供用户接入点 (也称用户 / 网络接口) 间信号传输的能力。

2) GSM 系统支持的附加业务

附加业务是基本电信业务的增强或补充，如计费提示、来话限制、呼出限制、遇忙呼叫前转、无应答呼叫前转、无条件呼叫前转、呼叫保持 、呼叫等待、主叫线识别显示、会议呼叫等。

5.7　第三代移动通信系统

5.7.1　概述

第三代移动通信技术是指支持高速数据传输的蜂窝移动通信技术。3G 服务能够同时传送声音及数据信息，速率一般在几百 kb/s 以上。目前，3G 存在四种标准：CDMA 2000、WCDMA、TD-SCDMA、WiMAX。

国际电信联盟 (ITU) 在 2000 年 5 月确定 WCDMA、CDMA 2000、TD-SCDMA 三大

主流无线接口标准，写入 3G 技术指导性文件《2000 年国际移动通信计划》(简称 IMT-2000)；2007 年，WiMAX 亦被作为 3G 标准之一。

1. WCDMA

WCDMA 由欧洲 ETSI 和日本 ARIB 提出，它的核心网基于 GSM-MAP，同时可通过网络扩展方式提供基于 ANSI-41 的运行能力。WCDMA 系统能同时支持电路交换业务 (如 PSTN、ISDN 网) 和分组交换业务 (如 IP 网)。灵活的无线协议可在一个载波内同时支持话音、数据和多媒体业务，通过透明或非透明传输来支持实时、非实时业务。

1) WCDMA 技术的主要特点

(1) 可适应多种传输速率，提供多种业务；

(2) 采用多种编码技术；

(3) 无须 GPS 同步；

(4) 分组数据传输；

(5) 支持与 GSM 及其他载频之间的小区切换；

(6) 上、下行链路采用相干解调技术；

(7) 快速功率控制；

(8) 采用复扰码标识不同的基站和用户；

(9) 支持多种新技术。

2) WCDMA 空中接口参数

WCDMA 无线空中接口参数如表 5-3 所示。

表 5-3　WCDMA 空中接口参数

空中接口规范参数	参 数 内 容
复用方式	FDD
每载波时隙数	15
基本带宽	5 MHz
码片速率	3.84 Mchip/s
帧长	10 ms
信道编码	卷积编码、Turbo 编码等
数据调制	QPSK(下行链路)，HPSK(上行链路)
扩频方式	QPSK
扩频因子	4 ～ 512
功率控制	开环 + 闭环功率控制，控制步长为 0.5 dB、1 dB、2 dB 或 3 dB
分集接收方式	RAKE 接收技术
基站间同步关系	同步或异步
核心网	GSM-MAP

2. TD-SCDMA

TD-SCDMA 系统是 TDMA 和 CDMA 两种基本传输模式的灵活结合，它由中国无线通信标准化组织 CWTS 提出，并得到 ITU 通过的 3G 无线通信标准。在 3GPP 内部，它也被称为低码片速率 TDD 工作方式 (相较于 3.84 MHz 的 UTRA TDD)。

1) TD-SCDMA 技术的主要特点

(1) 时分双工方式；

(2) 无须成对的频率资源，上、下行采用相同的频率资源；

(3) 适应于不对称的上、下行数据传输；

(4) 采用上行同步；

(5) 采用直扩 CDMA 技术；

(6) 适合采用智能天线、软件无线电等新技术；

(7) 采用接力切换、联合检测等先进技术；

(8) 设备成本较低。

2) TD-SCDMA 空中接口参数

TD-SCDMA 的无线接口参数如表 5-4 所示。

表 5-4　TD-SCDMA 空中接口参数

空中接口规范参数	参 数 内 容
复用方式	TDD
基本带宽	1.6 MHz
每载波时隙数	10(其中 7 个时隙被用作业务时隙)
码片速率	1.28 Mchip/s
无线帧长	10 ms(每个 10 ms 的无线帧被分为 2 个 5 ms 的子帧)
信道编码	卷积编码、Turbo 码等
数据调制	QPSK 和 8PSK(高速率)
扩频方式	QPSK
功率控制	开环 + 闭环功率控制，控制步长 1 dB、2 dB 或 3 dB
功率控制速率	200 次 /s
智能天线	在基站端由 8 个天线组成的天线阵
基站间同步关系	同步
多用户检测	使用
业务特性	对称和非对称
支持的核心网	GSM-MAP

3. CDMA 2000

CDMA 2000 是从 CDMA One 进化而来的一种 3G 技术，目的是为 CDMA 运营商提供平滑升级到 3G 的路径。其核心是 Lucent、Motorola、Nortel 和 Qualcomm 联合提出的宽带 CDMA One 技术。CDMA 2000 的一个主要特点是与现有的 TIA/EIA-95-B 标准向后兼容并可与 IS-95B 系统的频段共享或重叠，这样就使运营商可以在 IS-95B 系统基础上平滑地过渡，保护已有的投资。CDMA 2000 的核心网基于 ANSI-41，但通过网络扩展方式也提供基于 GSM-MAP 核心网上运行的能力。

1) CDMA 2000 技术的主要特点

(1) 采用直扩或多载波技术；

(2) 实现完全的向后兼容、平滑过渡；

(3) 空中接口标准兼容、载频重合；

(4) 频分双工方式；

(5) 灵活帧长结构；

(6) 可提供更高的数据速率，频谱利用率高；

(7) 技术、标准成熟，商用化最快。

2) CDMA 2000 空中接口参数

CDMA 2000 的空中接口参数如表 5-5 所示。

表 5-5　CDMA 2000 空中接口参数

空中接口规范参数	参 数 内 容
复用方式	FDD / TDD
基本带宽	1.25 MHz 或 3.75 MHz
码片速率	1.2288 Mchip/s / 3.6864 Mchip/s
帧长	支持 5 ms、10 ms、20 ms、40 ms、80 ms 和 160 ms 等多种帧长
信道编码	卷积编码，Turbo 码等
数据调制	QPSK(下行链路)，BPSK(上行链路)
扩频方式	QPSK
扩频因子数目	4～256
功率控制	开环＋闭环功率控制，控制步长为 1 dB，可选 0.5 dB /0.25 dB
分集接收方式	RAKE 接收技术
基站间同步关系	需要 GPS 同步
核心网	ANSI-41

4. WiMAX

WiMAX (Worldwide Interoperability for Microwave Access，微波存取全球互通)，又称为 802.16 无线城域网，是一种为企业和家庭用户提供"最后一千米"的宽带无线连接方案。将此技术与需要授权或免授权的微波设备相结合之后，由于成本较低，将扩大宽带无线市场，改善企业与服务供应商的认知度。2007 年 10 月 19 日，在国际电信联盟在日内瓦举行的无线通信全体会议上，经过多数国家投票通过，WiMAX 正式被批准成为继WCDMA、CDMA 2000 和 TD-SCDMA 之后的第四个全球 3G 标准。

WiMAX 在中国没有使用，故在此不再赘述。

5.7.2　系统组成及提供的业务

1. 系统组成

1) WCDMA 系统

WCDMA 的无线接入网结构如图 5-28 所示。

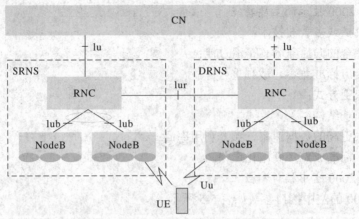

图 5-28　WCDMA 无线接入网的结构

(1) RNC(无线网络控制器)。RNC 用于控制 UTRAN(陆地无线接入网) 的无线资源，它通过 Iu 接口与电路域 MSC 和分组域 SGSN 以及广播域 BC 相连。在移动台和 UTRAN 之间的无线资源控制 (RRC) 协议在此终止。它在逻辑上对应 GSM 网络中的基站控制器 (BSC)，控制 Node B 的 RNC 称为该 Node B 的控制 RNC(CRNC)，CRNC 负责对其控制的小区的无线资源进行管理。

(2) Node B(节点 B)。Node B 是 WCDMA 系统的基站 (即无线收、发信机)，通过标准的 Iub 接口和 RNC 互连，主要完成 Uu 接口物理层协议的处理。它的主要功能是扩频、调制、信道编码及解扩、解调、信道解码，还包括基带信号和射频信号的相互转换等功能。同时，它还完成一些如内环功率控制等的无线资源管理功能。它在逻辑上对应于 GSM 网络中基站 (BTS)。

Node B 由 RF 收发器、射频收发系统 (TRX)、基带部分 (Base Band)、传输接口单元、基站控制部分几个逻辑功能模块构成。

(3) 3GPP R4 网络结构。WCDMA 3GPP R4 网络结构如图 5-29 所示。

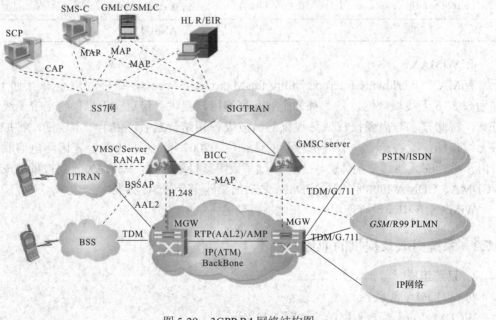

图 5-29　3GPP R4 网络结构图

TD-SCDMA 系统在网络结构上和 WCDMA 网络基本上是一样的，仅在无线接口的物理层有所不同而已，故不再赘述。

2) CDMA 2000 系统

CDMA 2000 1X 网络结构如图 5-30 所示。

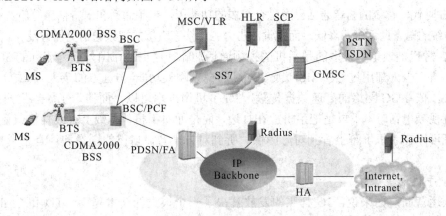

图 5-30　CDMA 2000 1X 网络结构

CDMA 2000 系统采用模块化的结构，将整个系统划分为不同的子系统，每个子系统由多个功能实体构成，实现一系列的功能。不同子系统之间通过特定的接口相连，共同实现各种业务。CDMA 2000 系统主要包括如下部分：

(1) 移动台 MS：移动终端，包括射频模块、核心芯片、上层应用软件和 UIM 卡。

(2) 无线接入网 RAN：由 BSC、BTS 和 PCF 构成。

(3) 核心网：包括核心网电路域和核心网分组域。

① 电路域：交换子系统由 MSC、VLR、HLR 和 AC 构成；智能网由 SSP、SCP 和 IP 构成；短消息平台由 MC 和 SME 构成；定位系统由 MPC 和 PDE 构成。

② 分组域：分组子系统由 PDSN、AAA 和 HA 构成；分组数据业务平台包括综合管理接入平台、定位平台、WAP 平台、Java 平台、BREW 平台等。

2. 3G 业务

根据不同业务 QoS 要求，可将 IMT-2000 能提供的业务分为四类。GPP 定义了四种基本业务类型，即会话类业务、流媒体业务、交互类业务和背景类业务。表 5-6 为四种业务的基本特点。

表 5-6　四种业务的基本特点

流量等级	会话类业务	流媒体业务	交互类业务	背景类业务
基本特点	需要具有较低的延迟、较低的抖动延迟变化，以及较低的误差容限。此类业务对速率的大小不作特别的要求，通常是流量基本恒定，而且通常要求双向业务流速率对称	流类业务对容许误差有着较高的要求，但对延迟和抖动的要求则较低。这是因为接收应用一般会对业务流进行缓冲，从而流数据可以以同步方式向用户进行播放	典型的请求 / 响应类型事务组成，交互类业务的特征是对容许误差有较高的要求，而对延迟容限的要求则要比会话类业务情况下的要求低一些。抖动（延迟变化）对于交互类业务来说不是一个主要问题	对业务较小的延迟约束（或者也可以没有任何延迟约束）
典型应用	语音业务、视频电话、视频会议	音频流和视频流是两种典型的流类业务	Web 浏览	邮件下载

1) 宽带上网

宽带上网是 3G 手机的一项很重要的功能，人们能在手机上收、发语音邮件，写博客，聊天，搜索，下载图铃等。3G 时代来了，手机变成小电脑就再也不是梦想了。

2) 视频通话

3G 时代，传统的语音通话已经是个很弱的功能了，视频通话和语音信箱等新业务才是主流，传统的语音通话资费降低，而视觉冲击力强、快速直接的视频通话更加普及。

3G 时代被谈论得最多的是手机的视频通话功能，这也是在国外最为流行的 3G 服务之一。相信不少人都用过 QQ、MSN 或 Skype 的视频聊天功能，与远方的亲人、朋友"面对面"地聊天。依靠 3G 网络的高速数据传输，3G 手机用户也可以"面谈"了。当用户用 3G 手机拨打视频电话时，不再是把手机放在耳边，而是面对手机，再戴上有线耳机或蓝牙耳机，用户既可以在手机屏幕上看到对方影像、听到对方声音，自己的图像和声音也会被传送给对方。

3) 手机电视

从运营商层面来说，3G 牌照的发放解决了一个很大的技术障碍，TD 和 CMMB 等标准的建设也推动了整个行业的发展。手机流媒体软件会成为 3G 时代最多使用的手机电视软件，在视频影像的流畅和画面质量上不断提升，突破技术瓶颈，真正大规模被应用。

4) 无线搜索

对用户来说，这是比较实用的移动网络服务，也能让人快速接受。随时随地用手机搜索网络上的各种信息将会变成更多手机用户平常的生活习惯。

5) 手机音乐

3G 时代，只要在手机上安装一款手机音乐软件，就能通过手机网络，随时随地让手机变身音乐魔盒，轻松存储无数首歌曲，下载速度更快，耗费的流量几乎可以忽略不计。

6) 手机购物

不少人都有在淘宝上购物的经历，移动电子商务是 3G 时代手机上网用户的最爱。很多 3G 手机用户都已经习惯在手机上消费，甚至是购买大米、洗衣粉这样的日常生活用品。高速 3G 可以让手机购物变得更实在，高质量的图片与视频会话能使商家与消费者的距离拉近，提高购物体验，让手机购物变为新潮流。

7) 手机网游

与电脑的网游相比，手机网游的体验并不好，但方便携带，随时可以玩，利用零碎时间玩网游是目前年轻人的生活习惯，也是 3G 时代的一个重要资本增长点。3G 时代，游戏平台更加稳定和快速，兼容性更高，即"更好玩了"，用户在游戏的视觉和效果方面感觉更好。

5.8 第四代移动通信系统

5.8.1 概述

4G 即第四代移动通信的简称。4G 是一种宽带接入和分布式的全 IP 架构网络，是集成多种功能的宽带移动通信系统。到目前为止，4G 的定义、技术参数、国际标准、网络结构乃至业务内容依然没有完全统一。

4G 最大的数据传输速率超过 100 Mb/s，这个速率是 3G 移动电话速率的 50 倍。4G 手机可以提供高性能的汇流媒体内容并通过 ID 应用程序成为个人身份鉴定设备。它也可以接收高分辨率的电影和电视节目，从而成为合并广播和通信的新基础设施中的一个纽带。此外，4G 的无线即时连接等某些服务费用将比 3G 便宜。另外，4G 有望集成不同模式的无线通信——从无线局域网和蓝牙等室内网络、蜂窝信号、广播电视到卫星通信，移动用户可以自由地从一个标准漫游到另一个标准。

1. 4G 技术的主要特点

(1) 多网络融合：多种无线通信技术系统共存。

(2) 全 IP 化网络：从单纯的电路交换向分组交换过渡并最终演变为基于分组交换的全网络。

(3) 用户容量更大：预计其容量为 3G 系统的 10 倍。

(4) 无缝的全球覆盖：用户可在任何时间、任何地点使用无线网络。

(5) 带宽更宽：更高的单位信道带宽和频谱传输效率。

(6) 智能灵活性：用户的无线网络可以通过其他网络扩展其应用业务，自适应地变换不同信道，提供更高质量和个性化的服务。

(7) 兼容性：兼容多种制式的通信协议和终端应用环境，以及各种终端硬件设备。

2. 4G 系统的系统参数

LTE 系统 (俗称 4G 系统) 的主要指标如表 5-7 所示。

表 5-7　LTE 系统的主要指标

载频 f_c	2 ～ 5.8 GHz(首选 3.5 G 和 5.8 G)
系统带宽 R	1.4 MHz、3 MHz、5 MHz、10 MHz、15 MHz、20 MHz
子载波数 N	1200
有效带宽	18 MHz
子载波间隔 Δf	15 kHz
循环扩展 CP	216(10.8 μs)
符号周期 T_b	51.2+10.8=62.0 μs
调制方式	QPSK，16QAM，64QAM，(256QAM)
扩频因子	1 ～ 16(32)
编码速率 R	1/3，1/2，2/3，3/4
车速 V	5 ～ 250 km/h
发送、接收天线数	8(基站)×4(移动台)

5.8.2　系统组成及提供的业务

1. 4G 系统组成

在第四代移动通信系统中，为了满足不同用户对不同业务的需求，将各种针对不同业务的接入系统通过多媒体接入系统连接到基于 IP 的核心网中，形成一个公共的、灵活的、可扩展的平台，网络的连接如图 5-31 所示。

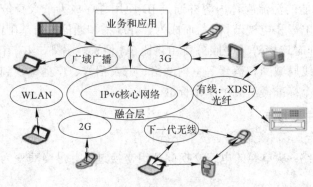

图 5-31 4G 网络的连接

LTE 采用扁平化、IP 化的网络架构，E-UTRAN 用 E-Node B 替代原有的 RNC-Node B 结构，各网络节点之间的接口使用 IP 传输，通过 IMS 承载综合业务，原 UTRAN 的 CS(电路交换) 域业务均可由 LTE 网络的 PS(分组交换) 域承载，如图 5-32 所示。

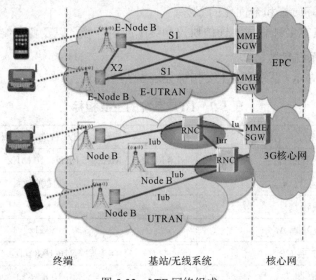

图 5-32 LTE 网络组成

2. 4G 系统提供的业务

根据应用和服务类型的不同，4G 业务可以分为四类模式：会话业务模式、流媒体业务模式、互动业务模式和后台业务模式。

1) 会话业务模式

这一类型中最常见的应用是在电路交换载体上的语音业务。实时会话总是发生在对等的 (或用户组) 通信终端用户之间，它的实时性要求比较高，会话业务模式的需求特性要严格考虑人的感受。实时会话业务的特性为端到端时延小，业务量是对称的或几乎是对称的。会话业务模式可接受的时延容限是严格的，若不能保证足够低的时延，将导致业务质量无法接受的结果。4G 系统的会话业务模式包括了语音业务和可视电话业务。

首先，会话业务模式仍然是 4G 移动通信系统的基本业务应用模式。语音通信是人类通信交流的基本形式，移动语音通信服务满足人们随时随地、移动中的通信需求，是移动通信网络区别于有线通信网络的基本特征。语音通信是 4G 及后续移动通信系统的基本业务应用。

其次，可视电话业务真正地实现了语音和数据的混合传输，它同语音业务有类似的实验要求。但是多方面因素限制了视频电话的广泛应用：现阶段技术条件下实时图像传输占用较多的信道资源，资费水平远高于语音通信资费水平；不同厂商终端间视频通话的图像传输存在互联互通障碍；移动性与视频通话的天然矛盾等。所以，可视电话业务在一定时期内难以成为会话业务模式的主流。

2) 流媒体业务模式

流媒体业务模式可以给移动用户提供在线的不间断的声音、影像或动画等多媒体播放服务。使用支持流媒体业务的终端用户可以方便地从移动网络获取财经信息、新闻和即时体育播报、天气信息等信息服务；也可以进行卡通、音频、视频以及电视节目的精彩片段下载播放和在线播放；还可以完成交通监控和家庭监控，即通过交通监控来实时察看高速公路和主要道路的交通状况，通过家庭监控，实时监视家庭和办公室的情况。

4G 系统的流媒体业务模式根据数据内容的播放方式可以分为三种：流媒体点播、流媒体直播和下载播放。流媒体业务模式开创了无线通信与互联网、视频融合的新时代。随着流媒体业务相关技术和标准的进一步发展，流媒体业务相关设备的进一步完善和成熟，流媒体业务模式必将会在世界范围内迅速发展，成为 4G 移动通信业务新的增长点。

3) 互动业务模式与后台业务模式

互动业务模式也被人们称为交互业务模式。当移动终端在线向远端的设备 (例如服务器) 请求数据时，采用这种机制。互动业务模式是一种典型的数据通信机制，其明显的特征就是移动终端请求-响应这种模式。在信息接收端有一个实体在一定时间之内期待响应的到来，这样往返时延就是一项关键的属性。另外一个特性是数据包的内容必须透明地传送，并且有较低的误码率。

因为诸如电子邮件的发送、短消息业务、数据库下载和测量记录的接收等数据业务应用不需要立即动作，因此可归为后台业务模式。后台业务模式是一种典型的数据通信形式，其特征是在规定时间内，目的地并不期待数据的到来，即对发送时间不敏感。另外，分组数据不需要透明地传送，但数据必须无差错地接收。

互动业务模式与后台业务模式应用种类繁多，对不同的消费群体，其应用业务类型不同，具有典型的个性化特征是 4G 数据业务的主要应用类型。现阶段，GPRS/CDMA 1X 网络能够承载少量的交互类与后台类业务。

5.9　第五代移动通信系统 (5G)

5.9.1　概述

第五代移动通信技术 (5th Generation Mobile Communication Technology，5G) 是具有高速率、低时延和大连接等特点的新一代宽带移动通信技术，5G 通信设施是实现人机物互联的网络基础设施。

国际电信联盟 (ITU) 定义了 5G 的三大类应用场景，即增强移动宽带 (eMBB)、超高可靠低时延通信 (uRLLC) 和海量机器类通信 (mMTC)。增强移动宽带 (eMBB) 主要面向移动互联网流量爆炸式增长，为移动互联网用户提供更加极致的应用体验；超高可靠低时延通信 (uRLLC) 主要面向工业控制、远程医疗、自动驾驶等对时延和可靠性具有极高要求的垂直行业应用需求；海量机器类通信 (mMTC) 主要面向智慧城市、智能家居、环境监测等以传感和数据采集为目标的应用需求。

为满足 5G 多样化的应用场景需求，5G 的关键性能指标更加多元化。ITU 定义了 5G 八大关键性能指标，其中高速率、低时延、大连接成为 5G 最突出的特征，用户体验速率达 1 Gb/s，时延低至 1 ms，用户连接能力达 100 万个连接每平方公里。

1. 5G 技术的主要特点

(1) 高速度。相比于 4G 网络，5G 网络有着更高的速度，而对于 5G 的基站峰值要求不低于 20 Gb/s，当然这个速度是峰值速度，不是每一个用户的体验。随着新技术的使用，这个速度还有提升的空间。

(2) 泛在网。随着业务的发展，网络业务需要无所不包，广泛存在。只有这样才能支持更加丰富的业务，才能在复杂的场景上使用。泛在网有两个层面的含义。一是广泛覆盖，一是纵深覆盖。广泛是指我们社会生活的各个地方需要广覆盖；纵深是指我们生活中，虽然已经有网络部署，但是需要进入更高品质的深度覆盖。

(3) 低功耗。5G 要支持大规模物联网应用，就必须要有功耗的要求。而 5G 能把功耗降下来，让大部分物联网产品一周充一次电，甚至一个月充一次电，大大改善用户体验，促进物联网产品的快速普及。

(4) 低时延。5G 的一个新场景是无人驾驶、工业自动化的高可靠连接。人与人之间进行信息交流，140 ms 的时延是可以接受的，但是如果这个时延用于无人驾驶、工业自动化就无法接受。5G 对于时延的最低要求是 1 ms，甚至更低。

(5) 万物互联。与 4G 相比，5G 系统大幅提高了支持百亿甚至千亿数据级的海量传感器接入，能够很好地满足数据传输及业务连接需求，将人、流程、数据和事物结合在一起，使连接更紧密。

(6) 重构安全体系。5G 通信在各种新技术的加持下，有更高的安全性，在未来的无人驾驶、智能健康等领域，能够有效地抵挡黑客的攻击，保障各方面的安全。

2. 5G 系统的主要性能指标

(1) 峰值速率需要达到 10 ~ 20 Gb/s，可以满足高清视频、虚拟现实等大数据量传输。

(2) 空中接口时延低至 1 ms，满足自动驾驶、远程医疗等实时应用。

(3) 具备百万连接每平方公里的设备连接能力，满足物联网通信。

(4) 频谱效率要比 LTE 提升 3 倍以上。

(5) 连续广域覆盖和高移动性下，用户体验速率达到 100 Mb/s。

(6) 流量密度达到每平方米 10 Mb/s 以上。

(7) 移动性支持 500 km/h 的高速移动。

5.9.2 系统组成及提供的业务

1. 5G 系统组成

(1) 用户设备：User Equipment，简写为 UE，用户访问网络的设备。

(2) 5G 接入网：简写为 5G-AN，负责用户设备接入管理。

(3) 5G 核心网：5G Core network，简称 5GC，主要负责移动管理、会话管理以及数据传输，包括接入和移动性管理 AMF(完成移动性管理、信令处理、信令路由等功能)、会话管理 SMF(完成会话管理、UE 地址分配和管理，相当于 4G 的 MME＋SGW＋PGW 中的会话和承载管理的控制功能)、UDM(统一数据管理，管理和存储签约数据和鉴权数据，相当于 4G 的 HSS 和 SPR)、AUSF(认证服务器功能，完成用户接入的身份认证)、UPF 用户面功能 (完成不同的用户面处理，相当于 SGW 和 PGW 中的用户面功能)、PCF(策略控制功能，相当于 4G 的 PCRF)、NRF(网络存储功能，维护已部署的 NF 的信息，处理从其他 NF 过来的 NF 发现请求)、NEF(网络开放功能，使外部或内部应用可以访问网络提供的信息或业务，为不同使用场景定制网络的能力) 等。

(4) 5G 业务支撑系统：5G Business Support System，简称 5GBSS。

5G SA 网络架构如图 5-33 所示。

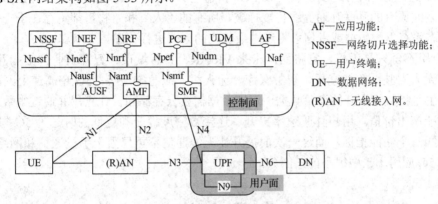

AF—应用功能；
NSSF—网络切片选择功能；
UE—用户终端；
DN—数据网络；
(R)AN—无线接入网。

图 5-33　5G SA 网络架构

2. 5G 系统提供的业务

ITU 为 5G 定义了增强移动宽带 (Enhance Mobile BroadBand，eMBB)、海量物联网通信 (Massive Machine Type Communication，mMTC)、超高可靠性与超低时延业务 (Ultra Reliable & Low Latency Communication，uRLLC) 三大应用场景。

1) 增强移动宽带 (eMBB)

eMBB 典型应用包括超高清视频、虚拟现实、增强现实等。这类场景首先对带宽要求极高，关键的性能指标包括 100 Mb/s 用户体验速率 (热点场景可达 1 Gb/s)、数十 Gb/s 峰值速率、每平方公里数十 Tb/s 的流量密度、每小时 500 km 以上的移动性等；其次，涉及交互类操作的应用还对时延敏感，例如虚拟现实沉浸体验对时延要求在 10 ms 量级。

3GPP 的技术文档 TR22.891 和 TR38.913 对具体的业务指标进行了相关的描述：① 对于慢速移动用户，用户的体验速率要达到 1 Gb/s 量级；② 对于高速移动或者信噪比比较恶劣的场景，用户的体验速率至少要达到 100 Mb/s；③ 业务密度最高可达 (Tb/s)/km^2 量级；④ 对于高速移动用户，最高需要支持 500 km/h 的移动速率；⑤ 用户平面的延时需要控制在 4 ms。

2) 海量物联网通信 (mMTC)

mMTC 典型应用包括智慧城市、智能家居等。这类应用对连接密度要求较高，同时呈现行业多样性和差异化。智慧城市中的抄表应用要求终端低成本、低功耗，网络支持海量连接的小数据包；视频监控不仅部署密度高，还要求终端和网络支持高速率；智能家居业务对时延要求相对不敏感，但终端可能需要适应高温、低温、震动、高速旋转等不同家具电器工作环境的变化。在 3GPP 技术文档 TR22.891 中，对于传感器类的 MTC 要求 100 万个连接数每平方公里。

3) 超高可靠性与超低时延业务 (uRLLC)

URLLC 典型应用包括工业控制、无人机控制、智能驾驶控制等。这类场景聚焦对时延极其敏感的业务，高可靠性也是其基本要求。自动驾驶实时监测等要求毫秒级的时延，汽车生产、工业机器设备加工制造时延要求为 10 ms 级，可用性要求接近 100%。3GPP 技术文档 TR22.891 对具体的业务指标进行了相关的描述：① 低时延小于 1 ms；② 超可靠至少低于误包率 ($<10^{-4}$)；③ 对于高速移动场景如无人机控制，需要保证在飞行速度为 300 km/h 时能提供上行 20 Mb/s 的传输速率。

"4G 改变生活，5G 改变社会。"在 5G 时代，"人"与"人"、"人"与"物"和"物"与"物"之间原有的互联互通界线将被打破，所有的"人"和"物"都将存在于一个有机的数字生态系统里，数据或者信息将通过最优化的方式进行传递。

5G 应用不再只是手机，它将面向未来 VR/AR、智慧城市、智慧农业、工业互联网、车联网、无人驾驶、智能家居、智慧医疗、无人机、应急安全等。5G 超高速上网和万物互联将产生呈指数级上升的海量数据，这些数据需要云存储和云计算，并通过大数据分析和人工智能产出价值。用户体验速率提升、连接数密度提升和更低的时延为 5G 与 4G 区别最基本的三个性能指标，而这一次的提升让无线通信不再局限于手机通信和网络连接，手机成为 5G 应用场景中很小的一部分。

本 章 小 结

本章中，我们介绍了移动通信的发展和演进，包括 1G(第一代模拟蜂窝通信系统)、2G(第二代数字蜂窝移动通信系统)、3G(IMT2000)、4G(IMT Advanced) 和 5G(IMT-2020)；移动通信系统大体可分为四个部分：用户设备，无线接入网、核心网和业务支撑系统；移动通信的 6 个特点；移动通信的频谱划分情况。

无线电波传播方式有地波、天波、反射波、散射波和自由空间波。移动通信信道的电波传播方式以直接波和反射波为主。移动信道具有易衰减、干扰强、不稳定等特点。移动信道的传输特性还取决于无线电波传播环境。由于移动通信环境具有复杂性与多样性，电波在传播时将产生四种不同类型的效应：阴影效应、多径效应、多普勒效应和远近效应。移动信道具有三类不同层次的损耗：路径传播损耗、快衰落和慢衰落。

抗噪声和抗干扰技术介绍了扩频技术、功率控制技术、分集技术、均衡技术、不连续发射技术 (DTX)、OFDM 技术、MIMO 技术、小区干扰控制等。

移动通信网的体制按无线区域覆盖范围的大小不同，可分为大区制、小区制。小区制有链状区和面状区两种组网技术。根据基站所设位置的不同有中心激励方式和顶点激励方式。小区的种类有宏蜂窝、微蜂窝和微微蜂窝，还有采用具有高分辨阵列信号处理能力的自适应天线系统的智能蜂窝。在数字移动通信系统中，区域定义从大到小依次为服务区、PLMN 区、MSC 区、位置区、基站区、小区。根据组网原则，移动通信业务网的组网有两种方案：三级业务网结构和二级业务网结构。信令网采用三级信令网结构，即全网设置

高级信令转接点 (HSTP)、低级信令转接点 (LSTP) 和信令点 (SP)。

全球移动通信系统 (GSM) 的特点是：移动台具有漫游功能；提供多种业务；GSM 系统通话音质好，容量大；系统的容量比 TACS 高 3～5 倍；具有较好的抗干扰能力和保密功能；越区切换功能；具有灵活、方便的组网结构。系统主要是由交换网络子系统 (NSS)、无线基站子系统 (BSS)、操作维护子系统 (OSS) 和移动台 (MS) 四大部分组成。GSM 支持的基本业务和附加业务，基本业务又包括了电信业务和支撑业务。

第三代移动通信技术 (3G)，是指支持高速数据传输的蜂窝移动通信技术。3G 服务能够同时传送声音及数据信息，速率一般在几百 kb/s 以上。目前 3G 存在四种标准：CDMA2000，WCDMA，TD-SCDMA，WiMAX。根据不同业务 QoS 要求，可将 IMT-2000 能提供的业务分为四类。GPP 定义了四种基本业务类型，即会话类业务、流媒体业务、交互类业务和背景类业务。

4G 是一种宽带接入和分布式的全 IP 架构网络，是集成多功能的宽带移动通信系统。4G 最大的数据传输速率超过 100 Mb/s。LTE 采用扁平化、IP 化的网络架构，E-UTRAN 用 E-NodeB 替代原有的 RNC-NodeB 结构，各网络节点之间的接口使用 IP 传输，通过 IMS 承载综合业务，原 UTRAN 的 CS 域业务均可由 LTE 网络的 PS 域承载。在 4G 移动通信系统中，根据应用和服务类型的不同可以将 4G 业务模式划分为四类：会话业务模式、流媒体业务模式、互动业务模式和后台业务模式。

5G 是具有高速率、低时延和大连接特点的新一代宽带移动通信技术，5G 通信设施是实现人机物互联的网络基础设施。国际电信联盟 (ITU) 定义了 5G 的三大类应用场景，即增强移动宽带 (eMBB)、超高可靠低时延通信 (uRLLC) 和海量机器类通信 (mMTC)。为满足 5G 多样化的应用场景需求，5G 的关键性能指标更加多元化。ITU 定义了 5G 关键性能指标，其中高速率、低时延、大连接成为 5G 最突出的特征，用户体验速率达 1 Gb/s，时延低至 1 ms，用户连接能力达 100 万个连接每平方公里。

习　题

1. 什么是移动通信？简述移动通信的发展过程。
2. 简述中国 5G 频谱的分配情况。
3. 与固定通信相比，移动通信有何特点？
4. 无线电波传播时，有哪四种效应？有哪三种损耗？
5. 移动通信系统中有哪些抗噪声干扰技术？
6. 什么是多址技术？移动通信中采用了哪些多址技术？
7. 服务区是什么？无线组网服务区主要有哪些种类？
8. 为什么面状区域组成方式最好是正六边形？
9. 简述数字移动通信系统中的区域定义 (以 GSM 系统为例)。
10. GSM 是什么？ GSM 系统的组成结构是什么？
11. 3G 的主流技术有哪些？根据不同业务 QoS 要求，3G 业务可以分为哪四类？
12. 什么是 4G？ 4G 技术的主要特点是什么？
13. 简述 ITU 定义 5G 的三大类应用场景。5G 技术的主要特点是什么？

第6章 光纤通信技术

光通信，顾名思义就是利用光进行信息传输的一种通信方式。光通信技术是当代通信技术发展的最新成就，已经成为现代通信的基石。目前，广泛使用的光通信方式是利用光导纤维传输光波信号，这种通信方式称为光纤通信。

目前，光纤通信技术已成为现代通信非常重要的支柱。作为全球新一代信息技术革命的重要标志之一，光纤通信技术已经变为当今信息社会中各种各样且复杂的信息的主要传输媒介，并且深刻、广泛地改变了信息网架构的整体面貌，以现代信息社会最坚实的通信基础的身份，向世人展现了其无限美好的发展前景。

6.1 光纤通信系统简介

目前，采用比较多的系统形式是强度调制 / 直接检波 (IM/DD) 的光纤数字通信系统。该系统主要由光发射机、光纤、光接收机以及长途干线上必须设置的光中继器组成，如图6-1 所示。

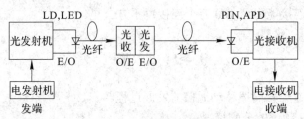

图 6-1　光纤数字通信系统示意图

在点对点的光纤通信系统中，信号的传输过程如下：

电端机的作用是对来自信源的信号进行处理，如 A/D 转换、多路复用等。

光发射机的功能是把电发射机输入的电信号转换为光信号，并用耦合技术把光信号最大限度地注入光纤线路。光发射机的核心设备是光源，目前广泛使用的光源有半导体发光二极管 (LED) 和半导体激光二极管 (或称激光器，LD)，以及谱线宽度很小的动态单纵模分布反馈 (DFB) 激光器。有些场合也使用固体激光器。

光纤线路的功能是把来自光发射机的光信号，以尽可能小的畸变 (失真) 和衰减传输到光接收机。光纤线路由光纤、光纤接头和光纤连接器组成。光纤是光纤线路的主体，接头和连接器是不可缺少的器件。实际工程中，户外使用的是容纳许多根光纤的光缆。

光接收机的功能是把从光纤线路输出、产生畸变和衰减的微弱光信号转换为电信号，并且经放大和处理后恢复成发射前的电信号并送入电接收机。光接收机的核心设备是光电检测器，目前广泛使用的光检测器有两种类型：在半导体 PN 结中加入本征层的 PIN 光电二极管 (PIN-PD) 和雪崩光电二极管 (APD)。

对于长距离的光纤通信系统，还必须设有光中继器。它的作用是放大衰减的信号，恢复失真的波形，使光脉冲得到再生。光纤通信中光中继器的形式主要有两种，一种是光－电－光转换形式的中继器；另一种是在光信号上直接放大的光放大器。

相对于电缆通信或微波通信，光纤通信具有许多优点：

(1) 传输频带宽，通信容量大。一个话路的频带为 4 kHz，光纤通信的工作频率为 $10^{12} \sim 10^{16}$ Hz。从理论上讲，一根仅有头发丝粗细的光纤可以同时传输 10 亿个话路。它比传统的同轴电缆、微波等要高出几千乃至几十万倍以上。一根光纤的传输容量如此巨大，而一根光缆中可以包括几十根直至上千根光纤。

(2) 光纤衰减小，传输距离远。由于光纤具有极低的衰减系数 (目前已达 0.2 dB/km 以下)，若配以适当的光发射、光接收设备以及光放大器，可使其中继距离达数百千米以上甚至数千千米。

(3) 光纤抗电磁干扰的能力强，保密性好。光纤是绝缘体材料，它不受自然界的雷电干扰、电离层的变化和太阳黑子活动的干扰，也不受电气化铁路馈电线和高压设备等工业电器的干扰。光波在光缆中传输，很难从光纤中泄漏出来，即使在转弯处，弯曲半径很小时，漏出的光波也十分微弱，即使光缆内光纤总数很多，也可实现无串音干扰，在光缆外面，也无法窃听到光纤中传输的信息。

(4) 光纤尺寸小，重量轻，便于传输和铺设。光缆的敷设方式方便灵活，既可以直埋、管道敷设，又可以在水底或架空敷设。

(5) 光纤是石英玻璃拉制成形，原材料来源丰富，并节约了大量有色金属。制造石英光纤的最基本原材料是二氧化硅 (即沙子)，地球上有取之不尽、用之不竭的原材料，而电缆的主要材料是铜，用光纤取代电缆，则可节约大量的金属材料。

光纤通信除具有以上突出的优点外，还具有耐腐蚀力强、抗核辐射、能源消耗小等优点。

6.1.1　光端机

光发送机与光接收机统称为光端机。图 6-2 所示为数字光发送机的基本组成，包括均衡放大、码型变换、复用、扰码、时钟提取、光源、光源的调制电路、光源的控制电路 (ATC 和 APC) 及光源的监测和保护电路等。

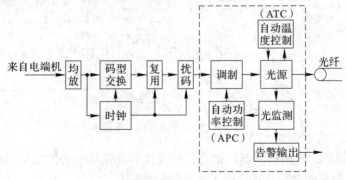

图 6-2　数字光发送机原理方框图

(1) 均衡放大。由 PCM 端机送来的电信号，首先要进行均衡放大，用以补偿由电缆传输所产生的衰减和畸变，保证电、光端机间信号的幅度、阻抗适配，以便正确译码。

(2) 码型变换。由 PCM 端机送来的电信号的线路码型是 HDB3 码或 CMI 码，前者是双极性归零码（即 +1、0、-1），后者是归零码。这两种码型都不适合在光纤通信系统中传输，因为在光纤通信系统中，是用有光和无光分别对应"1"和"0"码，无法与 +1、0、-1 相对应，需要通过码型变换电路将 HDB3 码或 CMI 码变换成 NRZ 码，以适应光发送机的要求。

(3) 复用。复用是指将多路低速信号互不干扰地合成为一路高速信号的过程。

(4) 扰码。为了保证所提取时钟的频率以及相位与光发射机中的时钟信号一致，必须避免所传信号码流中出现长"0"或长"1"的现象。光纤通信中通常采用扰码的方法解决这一问题。

(5) 时钟提取。由于码型变换和扰码过程都需要以时钟信号为依据，故均衡放大之后，由时钟提取电路提取 PCM 中的时钟信号供给码型变换电路和扰码电路使用。

(6) 调制（驱动）电路。光源驱动电路又称调制电路，经过扰码后的数字信号通过调制电路对光源进行调制，让光源发出的光信号强度跟随信号码流的变化，形成相应的光脉冲送入光纤，完成电 / 光变换任务。

(7) 光源。光源的作用是产生作为光载波的光信号，是实现电 / 光转换的关键器件。光源在很大程度上决定了数字光发送机的性能。

(8) 自动温度控制电路 (ATC)。一般光源随着温度的变化，其输出功率会发生变化。因此，都设有自动温度控制电路，控制发光器件的环境温度在一定范围内。

(9) 自动功率控制电路 (APC)。采用自动（光）功率控制电路是直接控制光源的输出光功率大小的一种有效措施。

(10) 其他保护、监测电路。光发送机除有上述各部分电路之外，还有一些辅助电路，如光源过流保护电路、无光告警电路、LD 偏流（寿命）告警等。

强度调制-直接检波 (IM-DD) 的光接收机方框图如图 6-3 所示，主要包括光电检测器、前置放大器、主放大器、均衡器、时钟恢复电路、取样判决器以及自动增益控制 (AGC) 电路等。

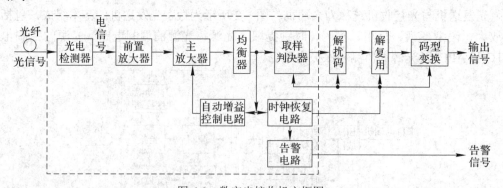

图 6-3　数字光接收机方框图

(1) 光电检测器。光电检测器是把光信号变换为电信号的关键器件，由于从光纤传输过来的光信号一般是非常微弱且产生了畸变的信号。

(2) 前置放大器。光接收机的放大器包括前置放大器和主放大器两部分。放大器在放大的过程中，其本身电阻会引入热噪声，其晶体管会引入散弹噪声。不仅如此，在一个多级放大器中，后一级放大器将会把前一级放大器送出的信号和噪声同时放大。基于此，前置放大器的噪声对整个电信号的放大影响甚大，因此对前置放大器要求是低噪声、高增益。

(3) 主放大器。主放大器一般是多级放大器，它的功能主要是提供足够高的增益，把来自前置放大器的输出信号放大到判决电路所需的信号电平。它还是一个增益可以调节的放大器，当光电检测器输出的电信号出现起伏时，通过自动增益控制对主放大器的增益进行调节，以使输入光信号在一定范围内变化时，输出电信号应保持恒定输出。一般主放大器的峰-峰值输出是几伏数量级。

(4) 自动增益控制电路。AGC 是用反馈环路来控制主放大器的增益，增加了光接收机的动态范围。当光信号功率输入较大时，则通过反馈环路降低放大器的增益；当光信号功率输入较小时，则通过反馈环路提高放大器的增益，使输出信号的幅度达到恒定，以便于判决。

(5) 均衡器。均衡器的作用是对经过光纤线路传输、光 / 电转换和放大后已产生畸变 (失真) 和有码间干扰的电信号进行均衡补偿，使其变为码间干扰尽可能小的信号，使输出信号波形有利于判决再生电路的工作，减小误码率。

(6) 再生电路。再生电路的任务是把放大器输出的升余弦波形恢复成数字信号，它由判决器和时钟恢复电路组成。为了判定信号首先要确定判决的时刻，这需要从均衡后的升余弦中提取准确的时钟信号。时钟信号经过适当相移后，在最佳时刻对升余弦波形进行取样，然后将取样幅度与判决门限进行比较，以判定码元是 "1" 或 "0"，从而把升余弦波形恢复成传输的数字波形。

6.1.2 光纤光缆

1. 光纤的基本结构和分类

目前，通信用的光纤绝大多数是用石英材料做成的横截面很小的双层同心圆柱体，外层的折射率比内层低。折射率高的中心部分叫作纤芯，其折射率为 n_1，直径为 $2a(4 \sim 62.5 \text{ mm})$；包层位于纤芯的周围。直径 $d_2 = 125 \text{ μm}$。$n_1 > n_2$，这样做可使得光信号封闭在纤芯中传输。

光纤的最外层为涂覆层，包括一次涂覆层、缓冲层和二次涂覆层。一次涂覆层一般使用丙烯酸酯、有机硅或硅橡胶材料；缓冲层一般为性能良好的填充油膏；二次涂覆层一般多用聚丙烯或尼龙等高聚物。 涂覆的作用是保护光纤不受水、汽侵蚀和机械擦伤，同时又增加了光纤的机械强度与可弯曲性，起着延长光纤寿命的作用。光纤的结构如图 6-4 所示。

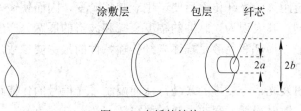

图 6-4 光纤的结构

目前，光纤的种类繁多，主要注意两种类型的分类，即按光纤剖面折射率分布分类、按传播模式分类。

1) 按光纤剖面折射率分布分类——阶跃型光纤与渐变型光纤

(1) 阶跃型光纤：是指在纤芯与包层区域内，其折射率分布分别是均匀的，其值分别为 n_1 与 n_2，而且纤芯和包层的折射率在边界处呈阶梯形变化的光纤称为阶跃型光纤，又称为均匀光纤。阶跃型光纤的折射率分布如图 6-5 所示。

(2) 渐变型光纤：是指光纤轴心处的折射率最大 (n_1)，折射率沿剖面径向增加而逐渐变小，其变化规律一般符合抛物线规律，到了纤芯与包层的分界处，正好降到与包层区域的折射率 n_2 相等的数值；在包层区域中，其折射率的分布是均匀的，即为 n_2，这种光纤又称为非均匀光纤。渐变光纤的折射率分布如图 6-6 所示。

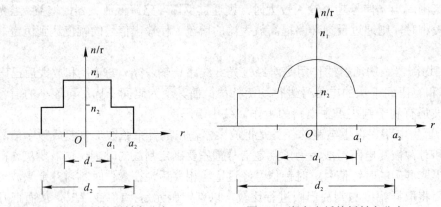

图 6-5　阶跃光纤的折射率分布　　　　图 6-6　渐变光纤的折射率分布

至于渐变型光纤的剖面折射率为何做如此分布，其主要是为了降低多模光纤的模式色散，增加光纤的传输容量。

2) 按传播模式分类——多模光纤与单模光纤

光是一种频率极高的电磁波，当它在光纤中传播时，根据波动光学理论和电磁场理论，当光纤纤芯的几何尺寸远大于光波波长时，光在光纤中会以几十种乃至几百种传播模式进行传播。

在工作波长一定的情况下，光纤中存在多种传输模式，这种光纤就称为多模光纤。多模光纤可以采用阶跃折射率分布，也可以采用渐变折射率分布。

在工作波长一定的情况下，光纤中只有一种传输模式的光纤，这种光纤就称为单模光纤。单模光纤只能传输基模 (最低阶模)，不存在模间的传输时延差，具有比多模光纤大得多的带宽，这对于高速传输是非常重要的。

2. 光纤的传输特性

光信号经过一定距离的光纤传输后要产生衰减和畸变，因而使输入的光信号脉冲和输出的光信号脉冲不同，其表现为光脉冲的幅度衰减和波形的展宽。产生该现象的原因是光纤中存在损耗和色散。损耗和色散是描述光纤传输特性的最主要参数，它们限制了系统的传输距离和传输容量。

光纤的损耗会引发光信号能量的衰减，从而限制了光信号的传播距离，光纤的损耗主要取决于吸收损耗、散射损耗、弯曲损耗三种损耗。

(1) 吸收损耗。光纤的吸收损耗是制造光纤的材料本身造成的，包括紫外吸收、红外吸收和杂质吸收。

(2) 散射损耗。散射损耗通常是由于光纤材料密度的微观变化，以及所含材料成分的浓度不均匀，使得光纤中出现一些折射率分布不均匀的局部区域，从而引起光的散射，将一部分光功率散射到光纤外部引起损耗；或者在制造光纤的过程中，在纤芯和包层交界面上出现某些缺陷、残留一些气泡和气痕等。这些结构上有缺陷的几何尺寸远大于光波，引起与波长无关的散射损耗。

(3) 弯曲损耗。光纤的弯曲会引起辐射损耗。实际中，光纤可能出现两种情况的弯曲：一种是曲率半径比光纤直径大得多的弯曲，例如：在敷设光缆时，可能出现这种弯曲；另一种是微弯曲，产生微弯曲的原因很多：光纤和光缆的生产过程中限于工艺条件，都可能产生微弯曲，不同曲率半径的微弯曲沿光纤随机分布。光纤的弯曲损耗不可避免。

描述光纤损耗的主要参数是衰减系数。光纤的衰减系数是指光在单位长度光纤中传输时的衰耗量，单位为 dB/km，计算式如下：

$$\alpha = \frac{10}{L} \log \frac{P_i}{P_o} \tag{6-1}$$

衰减系数是光纤重要的特性参数之一。在很大程度上，它决定了光纤通信的传输距离。

光纤的色散指光纤中携带信号能量的各种模式成分或信号自身的不同频率成分因群速度不同，在传播过程中互相散开，从而引起信号失真的物理现象。一般光纤存在三种色散。

模式色散：光纤中携带同一个频率信号能量的各种模式成分，在传输过程中由于不同模式的时间延迟不同而引起的色散。

材料色散：由于光纤纤芯材料的折射率随频率变化，使得光纤中不同频率的信号分量具有不同的传播速度而引起的色散。

波导色散：光纤中具有同一个模式但携带不同频率的信号，因为不同的传播群速度而引起的色散。

由于单模光纤中只有基模传输，因此不存在模式色散，只有材料色散和波导色散。当波长约为 1.31 μm 时，材料色散和波导色散相互抵消，使光纤中总色散为零，因此称其为零色散波长。

在多模光纤中，一般模式色散占主要地位。模式色散的大小，一般是以光纤中传输的最高模式与最低模式之间的时延差来表示的。

3. 光缆的结构与型号

1) 结构

通信光缆的结构是依据其传输用途、运行环境、敷设方式等诸多因素决定的。从大的方面讲，常用通信光缆分为室内光缆和室外光缆两大类，这里主要为大家介绍室外光缆。

室外光缆的基本结构有如下几种：层绞式、中心管式、骨架式。每种基本结构中既可放置分离光纤，亦可放置带状光纤。其特点分述如下：

(1) 层绞式光缆如图 6-7 和图 6-8 所示。层绞式光缆结构是由多根二次被覆光纤松套管（或部分填充绳）绕中心金属加强件绞合成圆形的缆芯，缆芯外先纵包复合铝带并挤上聚乙烯内护套，再纵包阻水带和双面覆膜皱纹钢（铝）带再加上一层聚乙烯外护层组成。层绞式光缆的结构特点是：光缆中容纳的光纤数量多，光缆中光纤余长易控制，光缆的机械、环境性能好，它适宜于直埋、管道敷设，也可用于架空敷设。

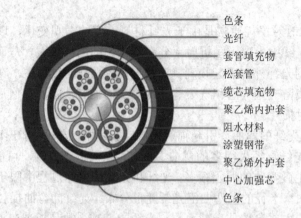

色条
光纤
套管填充物
松套管
缆芯填充物
聚乙烯内护套
阻水材料
涂塑钢带
聚乙烯外护套
中心加强芯
色条

图 6-7　层绞式光缆端面

图 6-8　层绞式光缆实物图

(2) 中心管式光缆如图 6-9 和图 6-10 所示。中心管式光缆是由一根二次光纤松套管或螺旋形光纤松套管，无绞合直接放在缆的中心位置，纵包阻水带和双面涂塑钢 (铝) 带，两根平行加强圆磷化碳钢丝或玻璃钢圆棒位于聚乙烯护层中组成的。按松套管中放入的是分离光纤、光纤束还是光纤带，中心管式光缆分为分离光纤的中心管式光缆或光纤带中心管式光缆等。

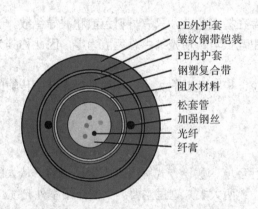

PE外护套
皱纹钢带铠装
PE内护套
钢塑复合带
阻水材料
松套管
加强钢丝
光纤
纤膏

图 6-9　中心管式光缆端面结构 (GYXTW53)　　图 6-10　中心管式光缆实物图

中心管式光缆的优点：光缆结构简单、制造工艺简单，光缆截面小，重量轻，很适宜架空敷设，也可用于管道或直埋敷设。中心管式光缆的缺点：缆中光纤芯数不宜过多 (如分离光纤为 12 芯，光纤束为 36 芯，光纤带为 216 芯)，松套管挤塑工艺中松套管冷却不够，成品光缆中松套管会出现后缩，光缆中光纤余长不易控制等。

(3) 骨架式光缆在国内仅限于干式光纤带光缆,即将光纤带以矩阵形式置于 U 形螺旋骨架槽或 SZ 螺旋骨架槽中,阻水带以绕包方式缠绕在骨架上,使骨架与阻水带形成一个封闭的腔体 (见图 6-11 和图 6-12)。当阻水带遇水后,吸水膨胀产生一种阻水凝胶屏障。阻水带外再纵包双面覆塑钢带,钢带外挤上聚乙烯外护层。

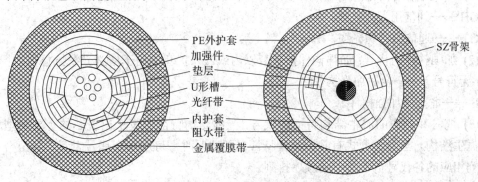

图 6-11　骨架式光缆端面结构

图 6-12　骨架式光缆实物图

骨架式光纤带光缆的优点:结构紧凑,缆径小,纤芯密度大 (上千芯至数千芯),接续时无须清除阻水油膏、接续效率高。其缺点:制造设备复杂 (需要专用的骨架生产线),工艺环节多,生产技术难度大等。

2) 型号

一根光缆的型号一般由形式和规格两大部分组成,如图 6-13 所示。

形式由 5 部分构成,各部分均用代号表示,如图 6-14 所示。其中结构特征指缆芯结构和光缆派生结构。

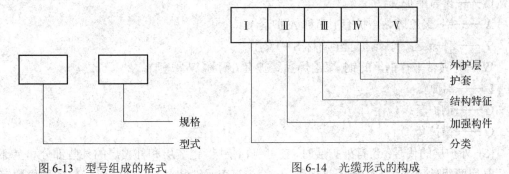

图 6-13　型号组成的格式　　　　图 6-14　光缆形式的构成

(1) 分类的代号如下:

GY——通信用室（野）外光缆；

GM——通信用移动式光缆；

GJ——通信用室（局）内光缆；

GS——通信用设备内光缆；

GH——通信用海底光缆；

GT——通信用特殊光缆。

(2) 加强构件的代号：加强构件指护套以内或嵌入护套中用于增强光缆抗拉力的构件。

（无符号）——金属加强构件；

F——非金属加强构件。

(3) 缆芯和光缆的派生结构特征的代号：光缆结构特征应表示出缆芯的主要类型和光缆的派生结构。当光缆型式有几个结构特征需要注明时，可用组合代号表示，其组合代号按下列相应的各代号自上而下的顺序排列。

D——光纤带结构；

（无符号）——光纤松套被覆结构；

J——光纤紧套被覆结构；

（无符号）——层绞结构；

G——骨架槽结构；

X——缆中心管（被覆）结构；

T——油膏填充式结构；

（无符号）——干式阻水结构；

R——充气式结构；

C——自承式结构；

B——扁平形状；

E——椭圆形状；

Z——阻燃；

(4) 护套的代号如下：

Y——聚乙烯护套；

V——聚氯乙烯护套；

U——聚氨酯护套；

A——铝-聚乙烯黏结护套（简称 A 护套）；

S——钢-聚乙烯黏结护套（简称 S 护套）；

W——夹带平行钢丝的钢-聚乙烯黏结护套（简称 W 护套）；

L——铝护套；

G——钢护套；

Q——铅护套。

(5) 外护层的代号：当有外护层时，它可包括垫层、铠装层和外被层的某些部分和全部，其代号用两组数字表示（垫层不需表示），第一组表示铠装层，它可以是一位或两位数字，见表 6-1；第二组表示外被层或外套，它应是一位数字，见表 6-2。

表 6-1 铠 装 层

代号	铠装层
0	无铠装层
2	绕包双钢带
3	单细圆钢丝
33	双细圆钢丝
4	单粗圆钢丝
44	双粗圆钢丝
5	皱纹钢带

表 6-2 外被层或外套

代号	外被层或外套
1	纤维外被
2	聚氯乙烯套
3	聚乙烯套
4	聚乙烯套加覆尼龙套
5	聚乙烯保护管

3) 规格

光缆的规格由光纤和导电芯线的有关规格组成。

光缆规格的构成格式如图 6-15 所示。光纤的规格与导电芯线的规格之间用"＋"号隔开。

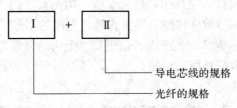

图 6-15 光缆规格的构成格式

光纤规格的构成：光纤的规格由光纤数和光纤类别组成。如果同一根光缆中含有两种或两种以上规格 (光纤数和类别) 的光纤，中间应用"＋"号连接。

光纤数的代号用光缆中同类别光纤的实际有效数目的数字表示。

光纤类别的代号应采用光纤产品的分类代号表示，按 IEC60791-2(1998)《光纤 第 2 部分：产品规范》等标准规定用大写 A 表示多模光纤，大写 B 表示单模光纤，再以数字和小写字母表示不同类型光纤。多模光纤见表 6-3，单模光纤见表 6-4。

表 6-3 多 模 光 纤

分类代号	特　性	纤芯直径 /μm	包层直径 /μm	材　料
Ala	渐变折射率	50	125	二氧化硅
Alb	渐变折射率	62.5	125	二氧化硅
Alc	渐变折射率	85	125	二氧化硅
Ald	渐变折射率	100	140	二氧化硅
A2a	突变折射率	100	140	二氧化硅

表 6-4 单 模 光 纤

分类代号	名　称	材　料
B1.1	非色散位移型	
B1.2	截止波长位移型	二氧化硅
B2	色散位移型	
B4	非零色散位移型	

注:"B1.1"可简化为"B1"。

导电芯线规格构成应符合通信行业标准中铜芯线规格构成的规定。

例如:$2 \times 1 \times 0.9$,表示 2 根线径为 0.9 mm 的铜导线单线。

$3 \times 2 \times 0.5$,表示 3 根线径为 0.5 mm 的铜导线线对。

$4 \times 2.6/9.5$,表示 4 根内导体直径为 2.6 mm、外导体内径为 9.5 mm 的同轴对。

4) 实例

【例 6-1】 金属加强构件、松套层绞、填充式、铝-聚乙烯黏结护套、皱纹钢带铠装、聚乙烯护层的通信用室外光缆,包含 12 根 50/125 μm 二氧化硅系列渐变型多模光纤和 5 根用于远供电及监测的铜线径为 0.9 mm 的 4 线组,光缆的型号应表示为 GYTA53 12Ala + 4×0.9。

【例 6-2】 金属加强构件、光纤带、松套层绞、填充式、铝-聚乙烯黏结护套通信用室外光缆,包含 24 根"非零色散位移型"单模光纤,光缆的型号应表示为 GYDTA24B4。

【例 6-3】 非金属加强构件、光纤带、扁平型、无卤阻燃聚乙烯护层通信用室内光缆,包含 12 根常规或"非色散位移型"单模光纤,光缆的型号应表示为 GJFDBZY12B1。

6.2 光纤通信传输技术简介

按信号的复用方式,光纤通信系统提高传输容量的方法有空分复用 (SDM)、光时分复用 (OTDM)、光波分复用 (WDM) 和光码分复用 (OCDMA)。

(1) 空分复用。空分复用靠增加光纤对数的方式线性增加传输的容量,传输设备也线性增加,但线路投资大,光纤的带宽资源没有得到充分利用。

(2) 时分复用。时分复用主要是利用 PDH 和 SDH 技术,不断提高速率等级来提高传输容量。

(3) 光波分复用。波分复用利用一根光纤同时传输多个光波长信号，以提高传输容量。

(4) 光码分复用。光码分复用是在光传输之前通过在每个比特时间内编码目的地址，建立起专门通信链路的传输技术。

目前提高传输容量主要采用 TDM 与 WDM 的合用方式，在电信号传输中，利用 TDM 方式实现 PDH 到 SDH 的高速率等级；在光信号传输中，利用 WDM 的方式实现单根光纤中的多通道传输。

6.2.1　SDH 技术简介

1. SDH 传送网产生

传输系统是通信网的重要组成部分，传输系统的好坏直接制约着通信网的发展。为了扩大传输容量，提高传输效率，在数字通信中，常常将若干个低次群低速数字信号以数字复用的方式合成为一路高速数字信号。

2. PDH 的帧结构和主要缺陷

在 PDH 中，各速率等级虽规定了标称速率，但支路信号可来自不同的设备，这些设备有各自独立的时钟源，因而来自不同设备的同一速率等级的支路信号，其速率并不一定严格相等。为了能将各支路信号复接成更高速率的信号，对于各速率等级除规定标称速率外，还规定其允许的偏差范围 (称为容差)。这种有相同的标称速率，但又允许有一定的偏差信号，称为准同步信号。它们复接时只能靠插入调整比特，采用异步复接。我国的 PDH 技术采用欧洲制式，欧洲制式中各次群的速率、偏差、帧周期、电路数如表 6-5 所示。

表 6-5　我国 PDH 各次群速率与帧周期

群　次	速　率	偏　差	帧周期	电路数
一次	2.048 Mb/s	50×10^{-6}	125 μs	30
二次	8.448 Mb/s	30×10^{-6}	100.38 μs	120
三次	34.368 Mb/s	20×10^{-6}	44.69 μs	480
四次	139.264 Mb/s	15×10^{-6}	21.03 μs	1920

在过去的 20 多年时间里，PDH 技术在骨干网和本地网中发挥了巨大的作用。但是在通信网向大容量标准化发展的今天，PDH 的传输体制已经越来越成为现代通信网的瓶颈，制约了传输网向更高的速率发展。传统 PDH 传输体制的缺陷体现在以下几点：

(1) 国际上现有的 PDH 技术存在三大地区标准，如图 6-16 所示。这种局面造成了国际互通的困难。

(2) 没有世界性标准的光接口规范，致使不同厂家的设备，甚至同一厂家不同型号的设备光接口各不相同，不能互连，即横向不兼容。

(3) 上 / 下支路困难。PDH 各速率等级帧长不同，低次群帧的起始点在高次群帧中没有固定位置，也无规律可循。这种情况导致上 / 下支路必须采用背靠背设备，逐级分接出要下的支路，将不下的支路再逐级复接上去，如图 6-17 所示。

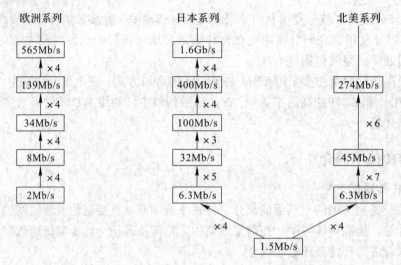

图 6-16　ITU-T 建议的三大 PDH 系列

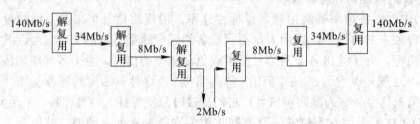

图 6-17　从 140 Mb/s 信号分 / 插出 2 Mb/s 信号示意图

(4) 只能采用异步复接方式，即复接时需调整各支路速率同步后才能复接。

(5) 网络管理能力不强。由于安排的开销比特很少，不能提供足够的运行、管理和维护 (OAM) 能力。网络的 OAM 主要靠人工的数字交叉连接和停业务检测，不能适应不断演变的电信网的要求。

3. SDH 传送网特点

1985 年，美国国家标准协会 (ANSI) 为使设备在光接口互连起草了光同步标准，并命名为同步光网络 (SONET)。1986 年，ITU-T 的前身 CCITT 以 SONET 为基础制订了 SDH 同步数字体系标准，使同步网不仅适用于光纤传输，也适合于微波和卫星等其他传输形式。

SDH 帧结构克服了 PDH 的不足，与传统的 PDH 相比较，SDH 有如下明显的特点：

(1) 灵活的分插功能。SDH 规定了严格的映射复接方法并采用指针技术，支路信号在线路信号中的位置是透明的，可以直接从线路信号中灵活地上 / 下支路信号，无须通过逐级复用实现分插功能，减少了设备的数量，简化了网络结构。

(2) SDH 有强大的网络管理能力。SDH 的帧结构中有足够的开销比特 (开销比特约占总容量的 1/30)，不仅满足目前的告警、性能监控、网络配置、倒换和公务等的需要，而且还有进一步扩展的余地，用以满足将来的监控和网管需要。

(3) 强大的自愈能力。具有智能检测的 SDH 网管系统和网络动态配置功能，使 SDH 网络容易实现自愈，当设备或系统发生故障时，能迅速恢复业务，提高网络的可靠性，降低维护费用。

(4) SDH 有标准的光接口规范，不同厂家的设备可以在光路上互连，真正实现横向兼容。

(5) SDH 具有兼容性。SDH 的 STM-1 既可复用 2 Mb/s 系列的 PDH 信号，又可复用 1.5 Mb/s 系列的 PDH 信号，使两大系列在 STM-1 中得到统一，便于实现国际互通，也便于顺利地从 PDH 向 SDH 过渡。SDH 的 STM-1 和 STM-4 的速率已被选定为 B-ISDN 的用户/网络接口的标准速率，适应新业务 ATM 和 IP 等的接入。

总结起来，SDH 的核心特点：同步复用、标准光接口、强大的网络管理能力。

当然，SDH 的技术并不是十全十美的，它也有一些不足之处：

(1) 由于开销比特很多，因此频带利用率不如 PDH。

(2) 大规模采用软件技术，一旦计算机系统出现问题，将造成全网瘫痪。

(3) 为了能兼容各种速率信号，实现横向连接，采用指针调控技术，产生较大的抖动，对信号造成一定的传输损伤。

4. SDH 的速率等级及帧结构

1) SDH 速率等级

SDH 按一定的规律组成块状帧结构，称之为同步传送模块 (STM)，它以与网络同步的速率串行传输。同步数字体系中最基本的、也是最重要的模块信号是 STM-1，其速率为 155.520 Mb/s，更高等级的模块 STM-N 是 N 个基本模块信号 STM-1 按同步复用，经字节间插后形成的，其速率是 STM-1 的 N 倍，N 取正整数 1，4，16，64。详细速率等级如表 6-6 所示。STM-N 光接口线路信号只是 STM-N 信号经扰码后电/光转换的结果，因而速率不变。

表 6-6 同步数字系列 (SDH) 速率等级

同步数字系列速率等级	比特率 /(kb·s^{-1})	速率简称
STM-1	155 520	155M
STM-4	622 080	622M
STM-16	2 488 320	2.5G
STM-64	9 953 280	10G

2) SDH 帧结构

STM-N 帧结构由 9 行 270N 列 (字节) 组成，每字节 8b，每个字节速率为 64 kb/s。SDH 帧由净负荷、管理单元指针 (AU-PTR)、段开销 (SOH) 三部分组成，如图 6-18 所示。

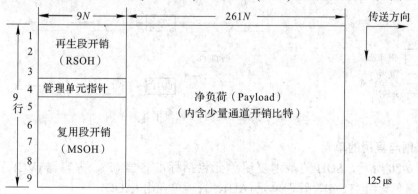

图 6-18 STM-N 帧结构

段开销区域用于存放帧定位、运行、维护和管理方面的字节，以保证主信息净负荷正确灵活地传送。段开销进一步分为再生段开销 (RSOH) 和复用段开销 (MSOH)。

管理单元指针存放在帧的第 4 行的 $1 \sim 9 \times N$ 列，用来指示信息净负荷的第一个字节在 STM-N 帧内的准确位置，以便正确区分出所需的信息。为了兼容各种业务或与其他网连接，需通过指针进行速率调整。

信息净负荷区存放各种电信业务信息和少量用于通道性能监控的通道开销字节，它位于 STM-N 帧结构中除段开销和管理单元指针区域以外的所有区域。

5. SDH 映射与复用

前面已经提到，SDH 具有兼容性，即将 PDH 三大系列的各速率等级的信号均可以纳入 SDH 的传送模块中 (具体地说可纳入 STM-1 中)，这样使现存的 PDH 设备还能继续使用，不致造成浪费。同时，SDH 还能兼容各种新业务纳入传送模块。这种将 PDH 信号和各种新业务装入 SDH 信号空间并构成 SDH 帧的过程称为映射和复用过程。ITU-T 对 SDH 的复用映射结构或复用路线作出了严格的规定，如图 6-19 所示。PDH 各速率等级按复用路线均可以映射到 SDH 的传送模块中。

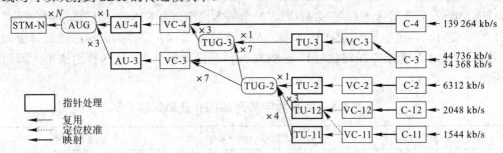

图 6-19　ITU-T G.709 建议的 SDH 复用映射结构

我国的光同步传输网技术体制规定以 2 Mb/s 为基础的 PDH 系列作为 SDH 的有效负荷并选用 AU-4 复用路线，其基本复用映射结构如图 6-20 所示。由图 6-20 可知，我国的 SDH 复用映射结构有 139 264 kb/s、34 368 kb/s、2048 kb/s 等 3 个 PDH 支路信号输入口。一般不用 34 Mb/s 支路接口，因为一个 STM-1 只能映射进 3 个 34 Mb/s 支路信号，信道利用率太低。

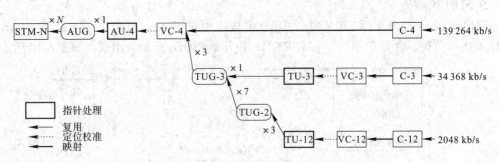

图 6-20　我国规定的 SDH 复用映射结构

6. 映射与复用的单元

如图 6-20 所示，SDH 的基本复用单元包括标准容器 (C)、虚容器 (VC)、支路单元 (TU)、支路单元组 (TUG)、管理单元 (AU)、管理单元组 (AUG)。

(1) 标准容器。容器是一种用来装载各种速率的业务信号的信息结构。它主要完成适配功能，即完成输入信号在输出信号间的码型、码速变换。ITU-T 规定了 5 种标准容器：C-11、C-12、C-2、C-3 和 C-4，其标准输入速率分别为 1.544 Mb/s、2.048 Mb/s、6.312 Mb/s、34.368 Mb/s、139.264 Mb/s。

我国常用的标准容器有 C-12、C-3、C-4 等。已装载的容器又可作为虚容器的信息净负荷。

(2) 虚容器。其用于支持 SDH 通道层连接的信息结构。它由容器输出的信息净负荷加上通道开销 (POH) 组成，即

$$VC\text{-}n = C\text{-}n + POH$$

虚容器可分为低阶虚容器和高阶虚容器。VC-12、VC-2 和通过 TU-3 复用进 VC-4 的 VC-3 为低阶虚容器，AU-3 中的 VC-3 和 VC-4 为高阶虚容器。VC 是 SDH 中可以用来传输、交换、处理的最小信息单元，VC 在 SDH 传输网中传输的路径称为通道。由于我国取消了 AU-3 通道，所以 VC-12、VC-3 都是低阶通道。

(3) 支路单元和支路单元组。支路单元是一种提供低阶通道层和高阶通道层之间适配功能的信息结构 (即负责将低阶虚容器经支路单元组装进高阶虚容器)。它由低阶 VC-n 和相应的支路单元指针 (TU-n-PTR) 组成，即

$$TU\text{-}n = 低阶\ VC\text{-}n + TU\text{-}n\text{-}PTR$$

支路单元指针 TU-n-PTR 用来指示 VC-n 净负荷起点在 TU 帧内的位置。

支路单元组 TUG 由一个或多个在高阶 VC 净负荷中占据固定的、确定位置的支路单元组成。

(4) 管理单元和管理单元组。管理单元是提供高阶通道层和复用段层之间适配功能的信息结构 (即负责将高阶虚容器经管理单元组装进 STM-N 帧)。它由高阶 VC 和相应的管理单元指针 (AU-PTR) 组成，即

$$AU\text{-}n = 高阶\ VC\text{-}n + AU\text{-}n\text{-}PTR$$

管理单元指针 AU-n-PTR 指示高阶 VC-n 净负荷起点在 AU 帧内的位置。

管理单元组 (AUG) 是由一个或多个在 STM-N 净负荷中占据固定的、确定位置的管理单元组成。

7. SDH 传输网设备

SDH 传输网是由不同类型的网元通过光缆线路的连接组成的，通过不同的网元完成 SDH 网的传送功能：上 / 下业务、交叉连接业务、网络管理和网络故障自愈等。SDH 网中常见的网元有终端复用器 (TM)、分 / 插复用器 (ADM)、数字交叉连接设备 (DXC) 和再生中继器 (REG)。

(1) 终端复用器。终端复用器用在网络的终端站点上，因此只有一个高速线路口。它用于把速率较低的 PDH 信号或 STM-M 信号组合成一个速率较高的 STM-N ($N \geqslant M$) 信号，或作相反的处理，因此 TM 的支路端口可以输出 / 输入多路低速支路信号，TM 的一般模型如图 6-21 所示。

(2) 分 / 插复用器。分 / 插复用器是 SDH 网上最重要的一种网元，在链形网、环形网和枢纽形网中应用十分广泛。ADM 用于 SDH 传输网络的转接站点处，例如，链的中间节点或环上节点。ADM 主要完成在无须分接或终结整个 STM-N 信号的条件下，分出和插入任何支路信号，ADM 的一般模型如图 6-22 所示。

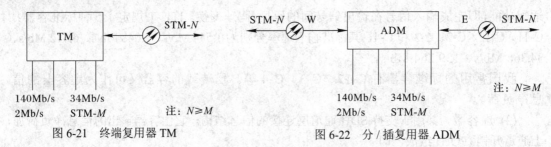

图 6-21　终端复用器 TM　　　　　　　图 6-22　分 / 插复用器 ADM

ADM 是一个三端口的器件，包括两个高速线路口和一个支路端口，为了描述方便，我们将其分为西 (W) 向、东向 (E) 两个线路端口。除了将低速支路信号交叉复用进东或西向线路上去，或从东或西侧线路端口收的线路信号中拆分出低速支路信号。另外，ADM 还可将东 / 西向线路侧的 STM-N 信号进行交叉连接，例如将东向 STM-16 中的第 3 个 STM-1 与西向 STM-16 中的第 4 个 STM-1 相连接。

(3) 数字交叉连接设备。数字交叉连接设备是 SDH 网络的重要网络单元。数字交叉连接设备完成的主要是 STM-N 信号的交叉连接功能，具有多端口。DXC 实际上相当于一个交叉矩阵，完成各个信号间的交叉连接，如图 6-23 所示。

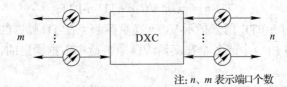

注：n、m 表示端口个数

图 6-23　数字交叉连接设备

DXC 可以完成任何端口之间接口速率信号 (包括其子速率信号) 的可控连接和再连接。根据端口速率和交叉连接速率的不同，数字交叉连接设备可以有不同的配置类型，通常用 DXC X/Y 来表示，含义如表 6-7 所示。其中 X 表示可接入 DXC 的最高速率等级，Y 表示在交叉矩阵中能够进行交叉连接的最低速率级别。X 越大，表示 DXC 的承载容量越大；Y 越小，表示 DXC 的交叉灵活性越大。

表 6-7　X、Y 数值与速率对应表

X 或 Y	0	1	2	3	4	5	6
速率	64 Mb/s	2 Mb/s	8 Mb/s	34 Mb/s	140 Mb/s	622 Mb/s	2.5 Gb/s

DXC 4/1 端口最高速率为 140 Mb/s 或 155 Mb/s，参与交叉连接的最低速率是 2 Mb/s，主要用于局间中继、长途、本地网或 PDH 与 SDH 网关。DXC 4/4 端口最高速率为 140 Mb/s 或 155 Mb/s，参与交叉连接的最低速率是 140 Mb/s 或 155 Mb/s，主要用于宽带城域网、长途干线网或 PDH 与 SDH 网关。

(4) 再生中继器。由于光纤存在传输衰耗和传输色散，数字信号经过光纤长距离传输后，光脉冲幅度会减小，形状会畸变，要进一步延长传输距离，必须采用再生中继器。再生中继器的功能就是接收经长途传输后衰减了的、有畸变的 STM-N 信号，然后对它进行均衡放大、识别、再生成规则的信号后发送出去。如图 6-24 所示，REG 是双端口器件，

只有两个线路端口——W 向、E 向。

图 6-24　再生中继器

REG 的作用是将 W/E 侧的光信号经 O/E、抽样、判决、再生整形、E/O 在 E 或 W 侧发出。REG 没有支路端口，REG 只需处理 STM-*N* 帧中的 RSOH，且不需要交叉连接功能 (W-E 直通即可)。

8. SDH 网络拓扑结构

网络拓扑结构是指网络的物理形状，即指网络节点与传输线路组成的几何排列，反映了实际的网元连接状况。SDH 网络由 SDH 网元设备通过光缆互连而成，而网络的有效性 (信道的利用率)、可靠性和经济性在很大程度上与其拓扑结构有关，组网时应根据通信容量和地理条件选用合适的物理拓扑结构。SDH 网络拓扑基本结构有链型、星型、树型、环型和网孔型。

(1) 链型网。图 6-25 所示为一个最典型的链型 SDH 网，其中链状网络两端点配备 TM，在中间节点配置 ADM 或 REG。网中的所有节点一一串联，且首尾两端开放。

图 6-25　SDH 链型网

此网络拓扑结构特点是简单经济，一次性投入少，容量大；通常采用线路保护方式，多应用于 SDH 初期建设的网络结构中，如专网 (铁路网) 或 SDH 长途干线网。

(2) 星型网。星型网选择网络中某一网元作为枢纽节点与其他各节点相连，其他各网元节点互不相连，网元各节点间的业务需要经过枢纽节点转接。如图 6-26 所示，在枢纽节点配置 DXC，在其他节点配置 TM。

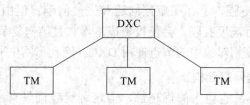

图 6-26　SDH 星型网

这种网络拓扑结构简单，可将多个光纤终端统一合成一个终端，从而利用分配带宽来节约成本；但存在枢纽节点的安全保障和处理能力的潜在瓶颈问题。枢纽节点的作用类似交换网的汇接局，此种拓扑多用于业务集中的本地网 (接入网和用户网)。

(3) 树型网。树型拓扑网络可看成是链型拓扑和星型拓扑的组合，如图 6-27 所示，三个方向以上的节点应设置 DXC，其他节点配置 ADM 或 TM。

这种网络拓扑适合于广播业务，而不利于提供双向通信业务，同时，也存在枢纽节点可靠性不高和光功率预算等问题。

(4) 环型网。环型网络拓扑实际上是指将链型拓扑首尾相连，从而使网上任何一个网元节点都不对外开放的网络拓扑形式。如图 6-28 所示，通常在各网络节点上配置 ADM，也可采用 DXC。

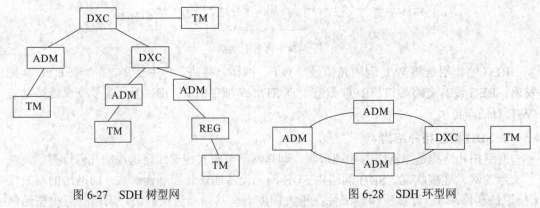

图 6-27　SDH 树型网　　　　　　　　　图 6-28　SDH 环型网

这种网络是当前使用最多的网络拓扑形式，其结构简单且具有较强的自愈功能，网络生存和可靠性高，是组成现代大容量光纤通信网络的主要基本结构形式，常用于本地网（接入网和用户网）、局间中继网。

(5) 网孔型网。网孔型网将所有网元节点两两相连，是一种理想的网络结构。如图 6-29 所示，通常在业务密度大的网络中，每个节点需配置 DXC，为任意两个网元节点间提供两条以上的传输路由。

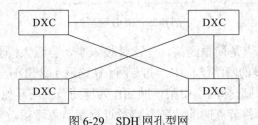

图 6-29　SDH 网孔型网

网孔型网的可靠性更强，不存在瓶颈问题和失效问题。但由于 DXC 设备价格昂贵，若网络都采用此设备进行高度互联，会使投资成本增大且结构复杂，降低系统有效性。因此一般在业务量大且密度相对集中的节点使用 DXC，网孔形网主要用于国家一级干线网。

9. 我国的 SDH 传送网络结构

同 PDH 相比，SDH 具有巨大的优越性，但这种优越性只有在组成 SDH 网时才能完全发挥出来。在传统的组网概念中，提高传输设备利用率是第一位的，为了增加线路的占空系数，在每个节点都建立了许多直接通道，致使网络结构非常复杂。而现代通信的发展，最重要的任务是简化网络结构，建立强大的运营、维护和管理 (OAM) 功能，降低传输费用并支持新业务的发展。我国的 SDH 网络结构分为四个层面，如图 6-30 所示。

最高层面为长途一级干线网，主要省会城市及业务量较大的汇接节点城市装有 DXC 4/4，其间由高速光纤链路 STM-64/STM-16 组成，形成了一个大容量、高可靠的网孔型国家骨干网结构并辅以少量线型网。由于 DXC 4/4 也具有 PDH 体系的 140 Mb/s 接口，因而对原有的 PDH 的 140 Mb/s 和 565 Mb/s 系统也能纳入由 DXC 4/4 统一管理的长途一级干线网中。

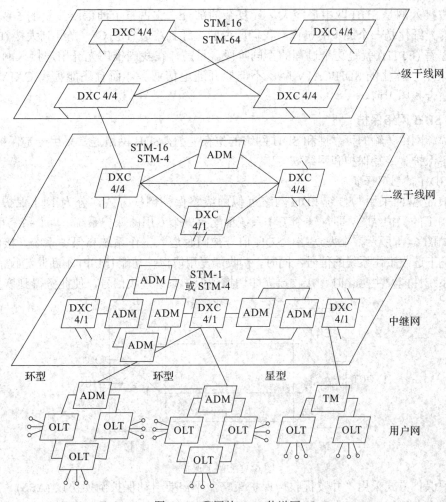

图 6-30 我国的 SDH 传送网

第二层面为二级干线网，主要汇接节点装有 DXC 4/4 或 DXC 4/1，其间由 STM-16/STM-4 组成，形成省内网状或环形骨干网结构并辅以少量线性网结构。由于 DXC 4/1 有 2 Mb/s，34 Mb/s 或 140 Mb/s 接口，因而对原来 PDH 系统也能纳入统一管理的二级干线网并具有灵活调度电路的能力。

第三层面为中继网，可以按区域划分为若干个环，由 ADM 组成速率为 STM-1/STM-4 的自愈环，也可以是路由备用方式的两节点环。这些环具有很高的生存性，又具有业务量疏导功能。环形网中主要采用复用段倒换环方式。环间由 DXC 4/1 沟通，完成业务量疏导和其他管理功能。同时，也可以作为长途网与中继网之间以及中继网和用户网之间的网关或接口，还可以作为 PDH 与 SDH 之间的网关。

最低层面为用户接入网。由于处于网络的边界处，业务容量要求低，且大部分业务量汇集于一个节点 (端局) 上，因而通道倒换环和星型网都十分适合于该应用环境，所需设备除 ADM 外还有光线路终端 (OLT)。速率为 STM-1/STM-4，接口可以为 STM-1 光 / 电接口，PDH 体系的 2 Mb/s、34 Mb/s 或 140 Mb/s 接口，普通电话用户接口，小交换机接口，2B + D 或 30B + D 接口以及城域网接口等。

用户接入网是 SDH 网中最庞大、最复杂的部分，它占整个通信网投资的 50% 以上，用户网的光纤化是一个逐步的过程。我们所说的光纤到路边 (FTTC)、光纤到大楼 (FTTB)、光纤到家庭 (FTTH) 就是这个过程的不同阶段。目前，在我国推广光纤用户接入网时必须要考虑采用一体化的 SDH/CATV 网，不但要开通电信业务，而且还能提供 CATV 服务，这比较适合我国国情。

10. SDH 网络保护

为提高网络传输的可靠性和 SDH 网络的生存能力，SDH 网络通常采用一定保护机制，包括设备保护、路径保护和网络恢复。

1) SDH 链型网保护

SDH 链型网采用与传统 PDH 网络近似的线路保护倒换方式，分为 1+1 保护和 $1:n$ 保护。1+1 的保护结构，即每一个工作系统都配有一个专用的保护系统，两个系统互为主、备用。如图 6-31 所示，在发送端，SDH 信号被同时送入工作系统和保护系统，接收端在正常情况下选收工作系统的信号。同时，接收端复用段保护功能 (MSP) 不断监测收信状态，当工作系统性能发生劣化时，接收端立即切换到保护系统选收信号，使业务得到恢复。

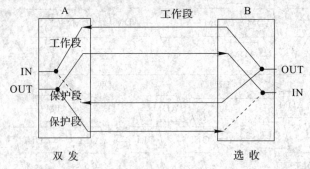

图 6-31   1+1 保护

这种保护方式采用"并发优收"保护策略，不需要自动保护倒换协议 (APS)。工作通路的发端永久地桥接于工作段和保护段，保护倒换全由接收端根据接收信号的好坏自动进行。因此 1+1 保护简单、快速而可靠。但因为是专用的保护，1+1 不提供无保护的附加业务通路，信道利用率较低。

$1:n$ 的保护方式中，n 个工作系统共享 1 个保护系统。如图 6-32 所示，正常情况下，工作系统传送主用业务，保护系统传送服务级别较低的附加业务。当复用段保护功能 (MSP) 监测的主用信号劣化或失效时，额外业务将被丢弃，发端将主用业务倒换到保护系统上，而接收端也将切换到保护系统选收主用业务，主用业务因而得到恢复。

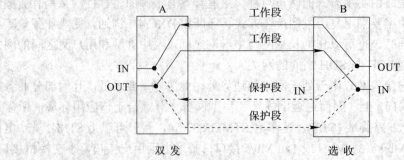

图 6-32   1:1 保护

这种方式需要自动保护倒换协议 (APS)，其中 K1 字节的 b5 ～ b8 的 0001 ～ 1110 [1 ～ 14] 表示要求倒换的工作系统的编号，因此 n 的值最大为 14。相对于 1+1 保护方式，1:n 倒换速率慢一些，但信道利用率高。

2) SDH 环型网保护

所谓自愈是指在网络出现故障 (例如光纤断) 时，无须人为干预，网络能自动地在极短的时间内 (ITU-T 规定为 50 ms 以内) 恢复业务，使用户几乎感觉不到网络出了故障。SDH 环型网就具备自愈的特点，被称为自愈环。实现自愈的前提条件包括网络的冗余路由、网元节点的交叉连接功能等。

根据保护业务的级别可以分为通道倒换环和复用段倒换环。对于通道倒换环，业务量的保护以通道为基础，倒换与否由环中某一通道信号质量的优劣而定；通常可根据是否收到 TU-AIS 来决定该通道是否倒换。而对于复用段倒换环，业务量的保护以复用段为基础，倒换与否由每一对节点之间的复用段信号质量的优劣来决定，当复用段有故障时，故障范围内整个 STM-N 或 1/2 STM-N 的业务信号将切换到保护回路。复用段保护倒换的条件包括 LOF、LOS、MS-AIS、MS-EXC 告警信号。

(1) 二纤单向通道保护环。此环在任意两节点之间由两根光纤连接，构成两个环，其中一个为主环 (S)，另外一个为保护环 (P)。网元节点通过支路板将业务同时发送到主环 S 和保护环 P，两环的业务相同但传输方向相反。正常情况下，目的节点的支路板将选收主环 S 下支路业务。对同一节点来说，正常时发送出的信号和接收回的信号均是在 S 纤上沿同一方向传送的，故称为单向环。

如图 6-33(a) 所示，环网中 A、C 节点互通业务。正常情况下，A 至 C 的业务 (AC) 和 C 至 A 的业务(CA)都被并行发送到S环(逆时针方向)和P环(顺时针方向)；也就是在S环，AC 经过 D 点直通达到 C 点，CA 经过 B 点直通达到 A 点；在 P 环，AC 经过 B 点直通达到 C 点，CA 经过 D 点直通到 A 点。正常情况下，A 点从 S 环上选收业务 CA，C 点从 S 环上选收业务 AC。

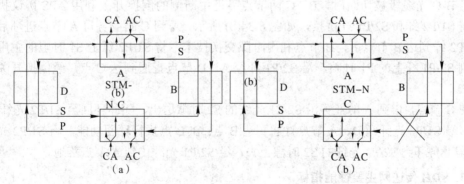

图 6-33　二纤单向通道保护环

当 B-C 光缆段的光纤同时被切断，注意此时网元支路板仍旧并发业务到 S 环和 P 环。如图 6-33 (b) 所示，AC 业务被同时送至 S 环和 P 环传输，其中业务沿 S 环经过 D 点直通安全达到 C 点，而沿 P 环的业务因 BC 之间断纤而无法达到，但这并不影响 C 点从主环 S 中选收信号，因而 C 点不发生保护倒换。

CA 业务被同时送至 S 环和 P 环传输，由于 BC 之间断纤业务无法沿 S 环传输经过 B

点到达 A 点。这时 A 点将收到 S 环上的 TU-AIS 告警信号，然后 A 点立即倒换到保护环 P 以选收 CA 业务，从而 CA 业务得以恢复。这就是通常所说的"并发优收"。

网元节点发生了通道保护倒换后，支路板同时监测主环 S 上业务的状态，当连续一段时间（华为的设备是 10 分钟左右）未发现 TU-AIS 时，发生倒换网元的支路板将切回到主环接收业务，恢复成正常时的默认状态。

二纤单向通道保护环倒换不需要 APS 协议，速度快，但网络的业务容量不大，多适用于环网上某些节点业务集中的情况。

(2) 双纤双向复用段保护环。从图 6-34 中可以看出，双纤双向复用段保护环利用两根光纤——S1/P2、S2/P1。每根光纤的全部容量一分为二，一半容量用于业务通路，剩下一半则用于保护通路且保护的是另一根光纤上的主用业务。

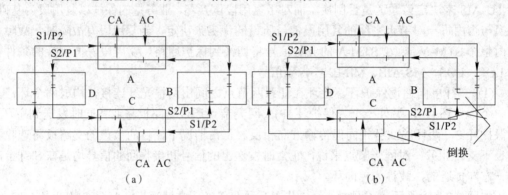

图 6-34 双纤双向复用段共享保护环

如图 6-34(a) 所示，A、C 两节点之间通信，正常时，S1/P2 纤的 S1 时隙用于传输 A 到 C 的业务，P2 时隙用于传输额外业务。而 C 到 A 的业务则置于 S2/P1 纤的 S2 时隙传输，额外业务置于 P1 时隙。

当 B-C 光缆段被切断时，B、C 两节点靠近中断侧的倒换开关利用 APS 协议执行环回，将 S1/P2 纤和 S2/P1 纤桥接，如图 6-34(b) 所示。A 到 C 的业务自 A 节点进环后，沿着 S1/P2 纤到达 B 节点后，B 节点利用时隙交换技术，将 S1/P2 纤上 S1 时隙的主用业务转移到 S2/P1 纤上的 P1 时隙，沿 S2/P1 纤经 A、D 节点直通到达 C 点，经倒换开关后分路出来。

在 C 节点，C 到 A 的业务沿 S2/P1 光纤的 S2 时隙送出，随即环回至 S1/P2 光纤的 P2 时隙，沿 S1/P2 光纤经 D、A 节点直通到达 B 点；在 B 点执行环回功能，将 S1/P2 光纤的 P2 时隙业务环到 S2/P1 光纤的 S2 时隙上去，经 S2/P1 光纤传到 A 节点落地。

11. SDH 传送网主要性能指标

在传输网络中，传输设备与光纤之间的连接点称为光接口；传输设备与电端机之间的连接点称为电接口，如图 6-35 所示。光接口有两个：一个称为"S"点，传输设备由此向光纤发送光信号；另一个称为"R"点，传输设备由此接收从光纤传来的光信号。电接口也有两个：一个为"A"点，数字复用设备输出的 PCM 信号由此传给传输设备；另一个为"B"点，传输设备由此向数字设备输出接收到的 PCM 信号。因此，传输设备的测试指标也分为两大类：一类是光接口指标，另一类是电接口指标。

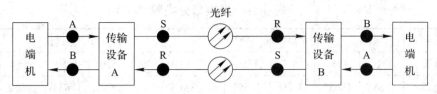

图 6-35 传输网络框图

光接口的指标测量主要有光发送机参数 (S 点参数) 测量和光接收机参数 (R 点参数) 测量两类，其中光发送机的参数指标主要有平均发送光功率和消光比两类；光接收机的参数指标有过载光功率、灵敏度和动态范围三类。电接口不是本任务主要介绍内容，故不做重点介绍。不同的应用场合用不同的代码表示，见表 6-8 ～表 6-12。

表 6-8 光接口分类一

应用场合	局　　内		短距离局间		长距离局间	
标称波长	1310	1310	1550	1310	1550	1550
光纤类型	G.652	G.652	G.652	G.652	G.652	G.653
距离 /km	≤ 2	≤ 15	≤ 15	≤ 40	≤ 80	≤ 80
STM-2	I-2	S-2.1	S-2.2	L-2.1	L-2.2	L-2.3
STM-4	I-4	S-4.1	S-4.2	L-4.1	L-4.2	L-4.3
STM-26	I-26	S-26.1	S-26.2	L-26.1	L-26.2	L-26.3

表 6-9 光接口分类二

应用场合	长距离局间				
标称波长	1310	1550	1550	1550	1550
光纤类型	G.652	G.652	G.653	G.652	G.653
距离 /km	≤ 60	≤ 120	≤ 120	≤ 160	≤ 160
STM-2	—	—	—	—	—
STM-4	V-4.1	V-4.2	V-4.3	U-4.2	U-4.3
STM-26	—	V-26.2	V-26.3	U-26.2	U-26.3

表 6-10 光接口分类三

应用场合	局　　内					
标称波长	1310	1310	1550	1550	1550	1550
光纤类型	G.652	G.652	G.652	G.652	G.653	G.655
距离 /km	≤ 0.6	≤ 2	≤ 2	≤ 25	≤ 25	≤ 25
STM-64	I-64.1	I-64.1	I-64.2	I-64.2	I-64.3	I-64.5

表 6-11　光接口分类四

应用场合	短距离局间				长距离局间				
标称波长	1310	1550	1550	1550	1310	1550	1550	1550	1550
光纤类型	G.652	G.652	G.653	G.655	G.652	G.652	G.653	G.652	G.653
距离/km	≤ 20	≤ 40	≤ 40	≤ 40	≤ 40	≤ 80	≤ 80	≤ 120	≤ 120
STM-64	S-64.1	S-64.2	S-64.3	S-64.5	L-64.1	L-64.2	L-64.3	V-64.2	V-64.3

光接口分类表示如下：

应用类型 - STM 等级 . 尾标数

其中：字母表示光接口应用类型；字母后第一位数字表示 STM 的等级；字母后第二位数字表示工作窗口和所用光纤类型，各字母和数字符号含义如表 6-12 所示。

表 6-12　应用类型符号含义

	符　号	含　　义
字母	I	表示局内通信
	S	表示短距离局间通信
	L	表示长距离局间通信
	V	表示很长距离局间通信
	U	表示超长距离局间通信
	r	表示同类型缩短距离应用
第一位数字	1	表示 STM-2，速率 155.52 Mb/s，简称 155M
	4	表示 STM-4，速率 622.08 Mb/s，简称 622M
	16	表示 STM-26，速率 2488.32 Mb/s，简称 2.5G
	64	表示 STM-64，速率 9953.28 Mb/s，简称 10G
第二位数字	1 或空白	表示工作波长为 1310 nm，所用光纤为 G.652 光纤
	2	表示工作波长为 1550 nm，所用光纤为 G.652 光纤
	3	表示工作波长为 1550 nm，所用光纤为 G.653 光纤
	5	表示工作波长为 1550 nm，所用光纤为 G.655 光纤

例如，某光板接口的代码为 L-64.3。该光板接口的代码意思为长距离局间通信的 STM-64，使用 G.652 光纤，工作窗口为 1550 nm。

12. 光功率测试

1）光发送机参数测量

光发射机的主要测试指标有平均发送光功率和消光比两个。

（1）平均发送光功率。平均发送光功率定义为参考点 S 的平均发送光功率为发送机耦合到光纤的伪随机数据序列的平均功率值。发送机的发射光功率和所发送的数据信号中"1"占的比例有关，"1"越多，光功率也就越大。当发送伪随机信号时，"1"和"0"大致各占一半，这时测试得到的功率就是平均发送光功率。

平均发送光功率的指标与实际的光纤线路有关，在长距离的光纤通信数字系统中，要求有较大的平均发送光功率，而在短距离的光纤通信系统中，则要求有较小的平均发送光功率。

(2) 消光比 (EXT)。消光比是指在信号全 "0" 时的平均发光功率与信号全 "1" 时的平均光功率比值的最小值，即

$$EXT = \frac{P_{00}}{P_{11}} \quad (\text{一般要求 EXT} < 0.1)$$

或用对数表示：

$$EXT = 10\lg\left(\frac{P_{11}}{P_{00}}\right) \quad (\text{dB})$$

其中，P_{00} 是光端机输入信号脉冲为全 "0" 码时输出的平均光功率，P_{11} 为光端机输入信号脉冲为全 "1" 码时输出的平均光功率。

2) 光接收机参数 (R 点参数) 测量

光接收机的主要测试指标有灵敏度、过载光功率和动态范围三个。

(1) 灵敏度。灵敏度是指在系统满足给定误码率指标的条件下，光接收机所需的最小平均接收光功率，用 $P_{\min}(mW)$ 表示，工程中常用毫分贝 (dBm) 来表示，即

$$P_R = 10\lg\frac{P_{\min}}{1 \text{ mW}} \quad (\text{dBm})$$

灵敏度是光端机的重要性能指标，它表示了光端机接收微弱信号的能力，从而决定了系统的中继段距离，是光纤通信系统设计的重要依据。

(2) 过载光功率。过载光功率是指在系统满足给定误码率指标的条件下，光接收机所需的最大平均接收光功率 $P_{\max}(mW)$，工程中常用毫分贝 (dBm) 来表示，即

$$P_R^{'} = 10\lg\frac{P_{\max}}{1 \text{ mW}} \quad (\text{dBm})$$

(3) 动态范围。动态范围是指在保证系统误码率指标的条件下，接收机的最低输入光功率 (dBm) 和最大允许输入光功率 (dBm) 之差 (dB)，即

$$D = |P_R^{'} - P_R| = 10\lg\frac{P_{\max}}{10^{-3}} - 10\lg\frac{P_{\min}}{10^{-3}} = 10\lg\frac{P_{\max}}{P_{\min}} \quad (\text{dB})$$

接收机接收到的信号功率过小，会产生误码，但是如果接收的光信号过大，又会使接收机内部器件过载，同样产生误码。所以为了保证系统的误码特性，需要保证输入信号在一定范围内变化，光接收机这种适应输入信号在一定范围内变化的能力称为光接收机的动态范围。

13. 误码测试

误码是指在数字通信系统的接收端，通过判决电路后产生的比特流中，某些比特发生了差错，对传输质量产生了影响。

1) 平均误码率 (BER)

传统上，常用 BER 来衡量光纤通信系统的误码性能，即在某一规定的观测时间内 (如 24 小时) 发生差错的比特数和传输比特总数之比，即

$$BER = \frac{\text{接收误码个数}}{\text{传输的总码元数}}$$

但平均误码率是一个长期效应，它只给出一个平均累积结果。而实际上误码的出现往往呈突发性质，且具有极大的随机性。因此除了平均误码率之外，还应该有一些短期度量误码的参数，即误块秒与严重误块秒。

2) G.826 规定的高速比特率通道的误码性能参数

高速比特率通道的误码性能是以块为单位进行度量的，由此产生一组以"块"为基础的参数。这些参数的含义如下：

(1) 误码块 (EB)。SDH 通道开销中的 BIP-X 属于单个监视块。其中，X 中的每个比特与监视的信息比特构成监视码组，只要 X 个分离的奇偶校验组中的任意一个不符合校验要求就认为整个块是误码块。

(2) 误块秒 (ES) 和误块秒比 (ESR)。当某一秒中发现 1 个或多个误码块时，称该秒为误块秒。在规定测量时间段内出现的误块秒总数与总的可用时间的比值称为误块秒比。

(3) 严重误块秒 (SES) 和严重误块秒比 (SESR)。某一秒内包含有不少于 30% 的误块或者至少出现一个严重扰动期 (SDP) 时，认为该秒为严重误块秒。其中，严重扰动期指在测量时，在最小等效于 4 个连续块时间或者 1 ms(取二者中较长时间段) 时间段内所有连续块的误码率大于等于 10^2 或者出现信号丢失。

在测量时间段内出现的 SES 总数与总的可用时间之比称为严重误块秒比 (SESR)。

(4) 背景误块 (BBE) 和背景误块比 (BBER)。扣除不可用时间和 SES 期间出现的误块称为背景误块 (BBE)。BBE 数与在一段测量时间内扣除不可用时间和 SES 期间内所有块数后的总块数之比称为背景误块比 (BBER)。

若这段测量时间较长，那么 BBER 往往反映的是设备内部产生的误码情况，与设备采用器件的性能稳定性有关。

14. 以太网性能测试

1) 设备搜寻和查找

以太网性能测试仪可以自动搜寻并显示网络中接入的设备名称、IP 地址、MAC 地址以及各自占用的数据流量，为网络管理和故障诊断提供重要的参考信息。

2) 双千兆测试端口

不同于其他测试产品，以太网性能测试仪配备两个 RJ-45 千兆测试端口，两个端口可以完全独立工作，使用其中任一端口即可进行流量生成、抓包、ping、链路测试、路由追踪、DHCP 和设备查找等测试。这样一个技术人员即可完成网络故障诊断的一切工作。

3) RFC2544 性能测试

RFC2544 性能测试定义了吞吐量、时延、帧丢失率、背靠背四个测试项目。

(1) 吞吐率 (Throughput)。

定义：被测设备在不丢包的情况下，所能转发的最大数据流量。通常使用每秒钟通过的最大的数据包数或者字节数来衡量 (MB/s)。

作用：反映被测试设备所能够处理 (不丢失数据包) 的最大的数据流量。

(2) 帧丢失率 (Lost Rate)。

定义：当输入信号超过设备处理能力时 (负载下) 由于缺乏资源而未能被转发的包占应该转发的包数的百分比，即

$$(输入帧数 - 输出帧数)/ 输入帧数$$

作用：反映被测设备承受特定负载的能力。

(3) 时延 (Latency)。

定义：发送一定数量的数据包，记录中间数据包发出的时间 T_1，以及经由测试设备转发后到达接收端口的时间 T_2，然后按照公式计算。

对于存储／位转发设备：

$$Latency = T_2 - T_1$$

其中，T_2 为输出帧的第一位到达输出端口的时间；T_1 为输入帧的最后一位到达输入端口的时间。

作用：反映被测设备处理数据包的速度。

(4) 背靠背 (Back-to-Back)。

定义：以能够产生的最大速率发送一定长度的数据包，并不断改变一次发送的数据包数目，直到被测设备能够完全转发所有发送的数据包，这个包数就是此设备的背靠背值。

作用：反映被测设备处理突发数据的能力 (数据缓存能力)。

6.2.2　WDM 技术简介

近年来，IP 网络技术推动了 Internet 在全球范围的迅猛发展，势不可挡。世界因特网业务一直保持每 6 ~ 9 个月翻一番的速度，使全球因特网用户呈爆炸趋势持续快速增长。随着全球 Internet 用户数量和 Web 站点数量的急剧增长，带宽的需求也急剧增长，每半年主要 ISP 的 Internet 骨干链路的带宽增长一倍。Internet 如此迅速的发展给电信网络带来了巨大的冲击，随之出现了光纤耗尽现象和对代表通信容量的带宽的"无限渴求"现象。为了提高通信系统的性价比和经济有效性，以满足不断增长的电信业务和 Internet 业务的需求，如何提高通信系统的带宽已成为焦点问题。波分复用 (WDM) 正是解决这一问题的关键技术，它可以让在 IP、ATM 和 SDH 等技术下承载的电子邮件、视频、多媒体、数据和语音等传输的通信业务都通过统一的光纤层传输。

1. WDM 技术原理

WDM 技术即波分复用技术，是把光纤可能应用的波长范围划分为多个波段，每个波段可作一个独立的通道，实现利用一根光纤同时传输多个不同波长的光载波的传输技术。

在发送端采用波分复用器 (合波器) 将不同波长的光载波信号合并送入一根光纤进行传输；在接收端再由波分解复用器 (分波器) 将这些不同波长光载波信号分开。图 6-36 所示为 WDM 系统组成原理框架。

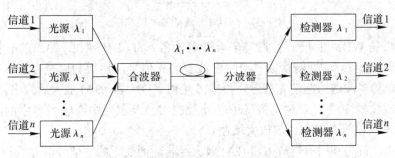

图 6-36　WDM 系统组成原理图

2. WDM 波道频率分配

根据光纤传输的特征，可以将光纤的传输波段分成 5 个波段，它们分别是：O 波段，波长范围为 1260 ～ 1360 nm；E 波段，波长范围为 1360 ～ 1460 nm；S 波段，波长范围为 1460 ～ 1530 nm；C 波段，波长范围为 1530 ～ 1565 nm；L 波段，波长范围为 1565 ～ 1625 nm。

WDM 的波长间隔可以是 1.6 nm、0.8 nm、0.4 nm、0.2 nm，可以容纳 40、80、160 个波段。目前的 80 波以内的 WDM 技术主要应用在 C 波段上，80 波以上 160 波以内 WDM 技术主要应用在 C+L 波段上。

40 波 WDM 系统中心频率基于 C 波段，中心频率范围为 192.1 ～ 196.0 THz，通道频率间隔 100 GHz。

80 波 WDM 系统中心频率基于 C 波段和 C+ 波段，其中 C+ 波段中心频率范围为 192.15 ～ 196.05 THz，波段间隔 100 GHz，共 40 波，C 波段 40 波和 C+ 波段 40 交织复用成 80 波，波段间隔 50 GHz。

160 波 WDM 系统中心频率基于 C+L 波段，即上述 C 波段的 80 波加 L 波段的 80 波复用而成。系统内波长分四个波段：

C 波段：192.1 ～ 196.0 THz；

C+ 波段：192.15 ～ 196.05 THz；

L 波段：187.0 ～ 190.90 THz；

L+ 波段：186.95 ～ 190.85 THz。

标称中心波长是在规定标称中心频率的基础上根据公式 $f\lambda = C$ 计算得到的。

3. WDM 系统结构

WDM 系统的基本结构和工作原理如图 6-37 所示。

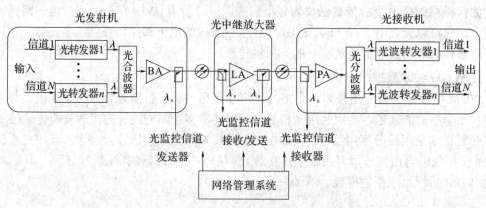

图 6-37　WDM 系统的基本结构图

光发射机是 WDM 的核心，它将来自终端设备 (如 SDH 端机) 输出的非特定波长光信号，在光转发器 OTU 处转换成具有特定波长的光信号，然后利用光合波器将各路单波道光信号合成为多波道通路的光信号，再通过光功率放大器 (BA) 放大后输出。

光中继放大器主要用来对光信号进行补偿放大，要求光中继放大器中的线路放大器 (LA) 对不同波长信号具有相同的放大增益。

光接收机，首先利用前置放大器 (PA) 放大经传输而衰减的主信号，然后利用光分波器分出特定波长的各个光信道，再经 OTU 转换成原终端设备所具有的非特定波长的光信号。

上述提到的功率放大器、线路放大器和前置放大器都可以采用 EDFA(掺铒光纤放大器)实现。但要明确的是，EDFA 在做 LA 时只能放大信号，而不能使信号再生。

光监控信道主要是用于传送监视和控制系统内各信道传输情况的监控光信号，在发送端插入波长 λ_s(1510 nm 或 1625 nm) 的光监控信号，与主信道的光信号合波输出。由于 λ_s 采用 EDFA 工作波段以外的波长，所以 λ_s 不能通过 EDFA，只能在 EDFA 后面加入，在 EDFA 前面取出。帧同步字节、公务字节和网管所用的开销字节等都是通过光监控信道来传递的。

网络管理系统通过光监控信道物理层，传送开销字节到其他节点或接收来自其他节点的开销字节对 WDM 系统进行管理，实现配置管理、故障管理、性能管理和安全管理等功能，并与上层管理系统相连。

在 WDM 系统中，光纤中传输的总信号速率 B_T 为各个波长 λ_i 的信号速率 B_i 之和，即

$$B_T = \sum_{i=1}^{k} B_i$$

可见，提高系统速率的方法有：一是复用波数越多，系统的总速率越大；二是提高每个波的信号速率 B_i。

4. WDM 发展方向

WDM 技术问世以来，由于具有许多显著的优点而得到迅速推广，并向全光网络的方向发展。从发展的角度看，今后全光技术的发展可能表现在以下几个方面。

(1) 光分插复用器 (OADM)。目前采用的 OADM 只能在中间局站上、下固定波长的光信号，使用起来比较僵化。而未来的 OADM 对上、下光信号将是完全可控的，就像现在分插复用器上、下电路一样，通过网管系统可以在中间局站有选择地上、下一个或几个波长的光信号，使用起来非常方便，组网十分灵活。

(2) 光交叉连接设备 (OXC)。与 OADM 相类似，未来的 OXC 将类似现在的 DXC 能对电信号随意进行交叉连接，可以利用软件对各路光信号进行灵活的交叉连接。OXC 对全光网络的调度、业务的集中与疏导、全光网络的保护与恢复等都会发挥重大作用。

(3) 可变波长激光器。到目前为止，光纤通信用的光源即半导体激光器只能发出固定波长的光波，尚不能做到按需要随意改变半导体激光器的发射波长。随着科技的发展会出现可变波长激光器，即激光器光源的发射波长可按需要进行调谐发送，其光谱性能将更加优越，而且具有更高的输出功率、更高的稳定性和更高的可靠性。不仅如此，可变波长的激光器光源的标准化更利于大批量生产，从而降低成本。

(4) 全光再生器。目前光系统采用的再生器均为电再生器，都需要经 O/E/O 转换过程，即通过对电信号的处理来实现再生 (整形、定时、数据再生)。电再生器设备体积大、耗电多、运营成本高，且速率受限。EDFA 虽然可以用来作再生器使用，但它只是解决了系统损耗受限的难题，而对于色散受限，EDFA 是无能为力的，即 EDFA 只能对光信号放大，而不能对光信号再生整形。未来的全光再生器则不然，它不需要 O/E/O 转换就可以对光信号直接进行再定时、再整形和再放大，而且与系统的工作波长、比特率、协议等无关。由于它具有光放大功能，因此解决了损耗受限的难题，又因为它可以对光脉冲波形直接进行再整形，所以也解决了色散受限的难题。

6.2.3　PTN 技术简介

SDH/MSTP 以其可靠的传送承载能力、灵活的分插复用技术、强大的保护恢复功能、运营级的维护管理能力一直在本地网 / 城域网业务传送中发挥着重大作用，但是 MSTP 的分组处理或 IP 化程度不够"彻底"，其 IP 化主要体现在用户接口 (即表层分组化)，内核却仍然是电路交换 (即内核电路化)。这就使得 MSTP 在承载 IP 分组业务时效率较低，并且无法适应以大量数据业务为主的 5G 和全业务时代的需要。随着 TDM 业务的相对萎缩及"全 IP 环境"的逐渐成熟，传送设备需要由现有"以 TDM 电路交换为内核"向"以 IP 分组交换为内核"演进。因此在业务 IP 化和融合承载需求的推动下，基于分组交换内核并融合传统传送网和数据通信网络技术优势的 PTN 技术自提出后便获得了快速发展，成为城域传送网 IP 化演进的主流技术。

1. PTN 的定义

PTN 即分组传送网，是一种以分组作为传送单位，承载电信级以太网业务为主，兼容 TDM、ATM 和 FC 等业务的综合传送技术。

PTN 是分组 (P) 与传送 (T) 的融合，因此存在两种演进方向：一种是由分组向传送演进，产生的技术标准是 PBT 系列的；另一种是由传送向分组演进，产生的技术是 T-MPLS。目前，国内设备商和运营商倾向于采用 T-MPLS 技术。

2008 年，ITU-T 和 IETF 两大国际组织联合开发 T-MPLS 和 MPLS 融合，扩展为 MPLS-TP 技术。从 T-MPLS 到 MPLS-TP 基本出发点是简化 MPLS 的分组转发机制，消除复杂的控制及信令协议，同时开发传输层的 OAM。MPLS-TP 的架构沿用了 T-MPLS 的理念，同样是基于 MPLS 的标准帧格式，去掉不利于端到端传送的功能，增加 OAM、保护机制和清晰的智能控制面。

MPLS-TP 可以较好地满足无线基站回传、高品质数据业务以及企事业专线 / 专网等运营级业务需求。

2. PTN 分层

PTN 大致可分为以下 4 层：

(1) TMC 通道层。TMC 通道层为客户提供端到端的传送网络业务，表示业务的特性，如连接的类型和拓扑类型 (点到点、点到多点、多点到多点)，业务的类型等，也叫 PW 层。

(2) TMP 通路层。TMP 通路层提供传送网络通道，将一个或多个客户业务汇聚到一个更大的隧道中，以便于传送网实现更经济有效的传送、交换、OAM、保护和恢复，表示端到端的逻辑连接的特性，也叫 Tunnel 层。

(3) TMS 段层。TMS 段层主要保证通道层在两个节点之间信息传递的完整性，表示物理连接，如 SDH、OTH、以太网或者波长通道。

(4) 物理介质层。物理介质层表示传输的介质，如光纤、铜缆或无线等。

3. PTN 功能平面

PTN 可分为以下 3 个层面：

(1) 传送平面。传送平面提供两点之间的双向或单向的用户分组信息传送，也可以提供控制和网络管理信息的传送，并提供信息传送过程中的 OAM 和保护恢复功能。

(2) 管理平面。管理平面执行传送平面、控制平面以及整个系统的管理功能，同时提供这些平面之间的协同操作。管理平面执行的功能包括性能管理、故障管理、配置管理、计费管理和安全管理。

(3) 控制平面。控制平面由提供路由和信令等特定功能的一组控制元件组成，并且由一个信令网络支撑。控制平面元件之间的互操作性以及元件之间通信需要的信息流可通过接口获得。控制平面的主要功能包括通过信令支持建立、拆除和维护端到端连接的能力，通过选路为连接选择合适的路由，自动发现邻接关系和链路信息，发布链路状态信息以支持连接建立、拆除和恢复。

4. PTN 关键技术

(1) 综合业务统一承载技术——PWE3。PWE3 技术是一种业务仿真机制，希望以尽量少的功能，按照给定业务的要求仿真线路。它支持 TDM E1/ IMA E1/ POS STM-*n*/ chSTM-*n*/FE/GE/10GE 等多种接口。

PWE3 仿真技术对 PTN 设备的转发时延要求非常高。如果 PTN 网络的时延很大，过了很长的时间，末端设备还未接收到报文，就会导致在末端设备还原出来的业务存在误码。

(2) 端到端层次化 OAM。MPLS-TP 建立端到端面向连接的分组的传送管道，该管道可以通过网络管理系统或智能的控制面建立，该分组的传送通道具有良好的操作维护性和保护恢复能力。

(3) 端到端层次化 QoS。PTN 支持层次化 QoS，每个层面分别提供一定的 QoS 机制，满足全业务传送的带宽统计复用。其中：

客户层：实现流分类、接入速率控制、优先级标记。

TMC 层：客户优先级到 TMC 优先级映射，带宽管理，TMC EXP 优先级调度。

TMP 层：TMC 优先级到 TMP 优先级映射，带宽管理，TMP EXP 优先级调度。

此外，T-MPLS 网管系统一般提供各层面 QoS 的核查，即 CAC(连接接入控制)。

(4) 全程电信级保护机制。全程电信级保护机制如图 6-38 所示。

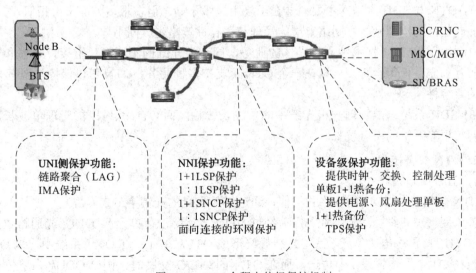

图 6-38　PTN 全程电信级保护机制

(5) 时间同步技术——IEEE 1588v2。IEEE 1588v2 技术采用主从时钟方案，对时间进行编码传送，时戳的产生由靠近物理层的协议层完成，利用网络链路的对称性和时延测量技术实现主从时钟的频率、相位和绝对时间的同步。

6.2.4　OTN 技术简介

1. OTN 的定义

OTN 即光传送网，是以 WDM 波分复用技术为基础、在光层组织网络的传送网，是下一代的骨干传送网。

OTN 为 G.872、G.709、G.798 等一系列 ITU-T 建议所规范的新一代光传送体系，通过 ROADM 技术、OTH 技术、G.709 封装和控制平面的引入，将解决传统 WDM 网络无波长/子波长业务调度能力、组网能力弱、保护能力弱等问题。

可以说，OTN 将是未来最主要的光传送网技术，同时随着近几年 ULH(超长跨距 DWDM 技术)的发展，使得 DWDM 系统的无电中继传输距离达到了几千千米。

ULH 的发展与 OTN 技术的发展相结合，可以进一步扩大 OTN 的组网能力，实现在长途干线中的 OTN 子网部署，减少 OTN 子网之间的 O/E/O 连接，提高 DWDM 系统的传输效率。

OTN 具有以下特点：

(1) 建立在 SDH 的经验之上，为过渡到下一代网络指明了方向。

(2) 借鉴并吸收了 SDH 的分层结构、在线监控功能，保护、管理功能。

(3) 可以对光域中光通道进行管理。

(4) 采用 FEC 技术，提高了误码性能，增加了光传输的跨距。

(5) 引入了 TCM 监控功能，一定程度上解决了光通道跨多自治域监控的互操作问题。

(6) 通过光层开销实现简单的光网络管理(业务不需要 O/E/O 转换即可取得开销)。

(7) 统一的标准方便各厂家设备在 OTN 层互连互通。

OTN 与 SDH 的主要区别：

(1) OTN 与 SDH 传送网主要差异在于复用技术不同，但在很多方面又很相似，例如，都是面向连接的物理网络，网络上层的管理和生存性策略也大同小异。

(2) 由于 DWDM 技术独立于具体的业务，同一根光纤的不同波长上接口速率和数据格式相互独立，使得运营商可以在一个 OTN 上支持多种业务。OTN 可以保持与现有 SDH 网络的兼容性。

(3) SDH 系统只能管理一根光纤中的单波长传输，而 OTN 系统既能管理单波长，也能管理每根光纤中的所有波长。

2. OTN 关键技术

1) G.709 帧结构

OTN 帧格式与 SDH 的帧格式类似，通过引入大量的开销字节来实现基于波长的端到端业务调度管理和维护功能。业务净荷经过 OPU(光通路净荷单元)、ODU(光通路数据单元)、OTU(光通路传送单元)三层封装最终形成 OTUk 单元，在 OTN 系统中，以 OTUk 为颗粒在 OTS(光传输段)中传送，而在 OTN 的 O/E/O 交叉时，则以 ODUk 为单位进行波长级调度。

与 SDH 帧结构相比，G.709 的帧结构要更为简单，同时开销更少。由于不需要解析到净荷单元，所以 OTN 系统可以较容易地实现基于 ODUk 的交叉。同时 OTUk 的开销中有一大部分是 FEC 部分，通过引入 FEC、OTN 系统可以支持更长的距离和更低的 OSNR 的应用，从而进一步提升网络生存能力和数据业务的 QoS。

OTU 根据速率等级分为 OTUk(k = 1，2，3)，OTU1 就是 STM-16 加 OTN 开销后的帧结构和速率，OTU2 是 STM-64 加 OTN 开销后的帧结构和速率，OTU3 就是 STM-256 加 OTN 开销后的帧结构和速率。注意，这里的开销包括普通开销和 FEC。

OTUk 帧的长度是定长的，以字节为单位，共 4 行 4080 列，总共有 4 × 4080 = 16 320 字节。OTUk 帧在发送时按照从左到右、从上到下的顺序逐个字节发送。

OTUk 还包含了两层帧结构，分别为 ODU 和 OPU，它们之间的包含关系为 OTU > ODU > OPU，OPU 被完整包含在 ODU 层中，ODU 被完整包含在 OTU 层中。OTUk 帧由 OTUk 开销，ODUk 帧和 OTUk FEC 三部分组成。ODUk 帧由 ODUk 开销、OPUk 帧组成，OPUk 帧由 OPUk 净荷和 OPUk 开销组成，从而形成了 OTUk-ODUk-OPUk 这三层帧结构。

2) 基于光层交叉的 ROADM

ROADM 是 OTN 采用的一种较为成熟的光交叉技术。ROADM 是相对于 DWDM 中的固定配置 OADM 而言，其采用可配置的光器件，从而可以方便地实现 OTN 节点中任意波长的上、下和直通配置。

ROADM 的主要优点如下：

(1) 可远程重新配置波长上、下，降低运行维护成本；

(2) 支持快速业务开通，满足波长租赁业务；

(3) 可自由升级扩容，实现任意波长到任意端口上、下；

(4) 可实现波长到多个方向，实现多维度波长调度；

(5) 支持通道功率调整和通道功率均衡。

目前，ROADM 存在的主要问题：

(1) 距离：传输距离可能受到色散、OSNR 和非线性等光特性的限制，这个问题在 40G 存在的情况下尤其严重，其适用于大颗粒业务，无法支持子波长调度。

(2) 排他性：不支持多厂家环境、不支持多规格网络 (如 100 GHz、50 GHz 规格不能混合组网)、不支持小管道聚合成大管道应用。

(3) 保护：倒换速度太慢，只能做业务恢复用 (不能用作业务保护)。

(4) 波长冲突：在大网络中非常严重，导致网络资源分配的难度增加，不得不采用轻载的方式解决问题。

3) 基于电层交叉的 OTH

OTH 主要指具备波长级电交叉能力的 OTN 设备，其主要完成电层的波长交叉和调度。交叉的业务颗粒为 ODUk(光数据单元)，速率可以是 2.5G、10G 和 40G。

OTH 的主要优点如下：

(1) 适用于大颗粒和小颗粒业务。

(2) 支持子波长一级的交叉。

(3) O/E/O 技术使得传输距离不受色散等光特性限制。

(4) ODUk 帧结构比 SDH 简单，和 SDH 交叉技术相比，具有低成本的优势。

(5) 具有 SDH 相当的保护调度能力。

(6) 业务接口变化时只需改变接口盘。

(7) 将 OTU 种类由 $M \times N$ 降低为 $M + N$，减少了单盘种类。

目前，OTH 面临的主要问题：

(1) 交叉容量低于光交叉，一般在 T 比特级以下，在现有技术条件下做到 T 比特级以上较为困难。

(2) 目前还没有交叉芯片能提供 ODUk 的开销检测；

(3) ODU1 中没有时隙，无法实现更小颗粒业务 (例如 GE) 的交叉。

3. OTN 功能分层

OTN 主要由传送平面、管理平面和控制平面组成。

控制平面负责搜集路由信息并计算出业务的具体路由；控制平面对应实体，即具备控制平面功能的相关单板。通过加载控制平面将能够实现资源的自动发现、自动端到端的业务配置并能提供不同等级的 QoS 保证，使业务的建立变得灵活而便捷，由其构建的网络即基于 OTN 的智能光网络 (ASON)。

传送平面可分为电层和光层，电层包括支路接口单元、电交叉单元、线路接口单元和光转发单元，主要完成子波长业务的交叉调度，而光层包括光分插复用单元 (或光合波和分波单元) 及光放大单元，主要完成波长级业务的交叉调度和传送，电层和光层共同完成端到端的业务传送。

管理平面提供对传送平面、控制平面的管理功能以及图形化的业务配置界面，同时完成所有平面间的协调和配合。管理平面的实体即网管系统，能够完成 M.3010 中定义的管理功能，包括性能管理、故障管理、配置管理、安全管理等。

三个平面协同工作，共同实现智能化的业务传送。

4. OTN 功能引入策略

1) 接口方面

混合网络：扩容、补网仍然采用原 OTU 单板，以原有方式实现互联互通。

新建网络：波分线路侧采用 OTN 接口，使用 OTN 接口实现网络互联互通。

2) 交叉调度

采用光、电混合交叉设备实现波长和子波长级别的业务调度。

光层调度：采用 ROADM 技术，首先进行环内动态光通道调度，然后逐步实现复杂网络拓扑环间业务动态调度。

电层调度：首先在城域网中引入小容量调度设备，逐步在城域骨干和干线层引入 G/T 级别的大容量设备。

3) 控制层面

加载在 OTN 设备的 GMPLS 控制层面目前还不成熟，需要进一步跟踪。

OTN 技术在各级网络上的组网建议如下：

(1) 一干的设备形态以 OTM + OADM + OLA 为主，2 维 ROADM 有一定潜在需求，关注低成本，一干对 OTH 有一定需求，但是大部分供应商的产品目前还达不到其应用的容量要求。

(2) 二干的设备形态同国家干线不同的是，多维 ROADM 会有一定需求，OTH 容量要求小一些。

(3) 城域网的核心应用以波分应用为主，包括多维的 ROADM，OTH 部分主要以子波长业务的汇聚功能为主，以调度功能为辅，同时，实现灵活的业务保护。随着全业务发展，OTN 网络会延伸到城域汇聚层。

6.3　全光网络

6.3.1　全光网络概述

全光网络指信号以光的形式通过整个网络，直接在光域内进行信号的传输、再生和交换/选路，中间不经过任何 O/E 转换，信息从源节点到目的节点的传输始终在光域内运行。

ITU-T G.872 建议，光传送网为一组可为客户层信号提供主要在光域上进行传送复用、选路、监控和生存处理的功能实体，它能够支持各种上层技术，是适应公用通信网络演进的理想基础传送网络。

全光网络主要由光传送系统和在光域内进行交换/选路的光节点组成。由于光器件的局限性，目前全光网络的覆盖范围很小，要扩大网络范围，需通过 O/E 转换来消除光信号在传输过程中的损伤。因此，目前所说的光网络是由高性能的 O/E 转换设备连接众多的全光透明子网的集合，是 ITU-T 有关"光传送网"概念的通俗说法。

全光网络包括光传输、光放大、光再生、光选路、光交换和光信息处理等先进的全光技术，其特征如下所述。

1. 波长路由

通过波长选择性器件实现路由选择，这是目前全光网络的主要方式。而光数据包交换尚不具备条件，其最大的困难来自光记忆和逻辑器件的缺乏。

2. 透明性

由于全光网络中的信号传输全部在光域内进行，不再有电中继，因此全光网络具有对信号传输的透明性。透明性有两个含义：信号速率透明和信号格式透明。

3. 网络结构的扩展性

全光网络应当具有扩展性，而且是在尽量不影响已有通信的同时扩展用户数量、速率容量、信号种类等。因此，目前全光网络结构和网络单元都强调模块化的扩展能力，即无须改动原有结构，只要升级网络连接，就能够增添网络单元。

4. 可重构性

全光网络的可重构性是指在光波长层次上的重构，包括：直接在光域里对光纤折断或节点损坏作出反应，实现恢复；建立和拆除光波长连接；自动为突发业务提供临时连接。

5. 可操作性

由于全光网络比现有的网络多了一个光路层，因此其管理表现出一些独有的特征。尽管目前全光网络的控制和管理尚未定型，但基本要求是相同的，允许在各个不同管理层次上控制和管理全光网络。

全光网络纵向可分为客户层、光通道层、光复用段层和光传送段层，两相邻之间构成客户/服务层关系，如图 6-39 所示。

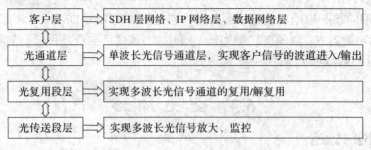

图 6-39　光网络的纵向分层结构

光通道层负责为来自电复用段层的客户信息 (如 SDH、PDH、ATM、IP) 选择路由和分配波长，为灵活的网络选路安排光信道连接，提供端到端的连接，处理光通道开销，提供光通道层的检测和管理功能，并在故障发生时通过重新选路或直接把工作业务切换到预定的保护路由来实现保护倒换和网络恢复。

光复用段层保证相邻两个波长复用传输设备间多波长复用光信号的完整传输，为多波长信号提供网络功能，主要包括为灵活多波长网络选路重新安排光复用段功能，为保证多波长光复用段适配信息的完整性处理光复用段开销，为网络的运行和维护提供复用段的检测和管理功能。

光传送段层为光信号在不同类型的光传输介质上提供传输功能，同时实现对光放大器或中继器的检测和控制功能等。通常涉及功率均衡问题、EDFA 增益控制问题、色散的积累和补偿问题。

未来的全光网络是基于目前的 DWDM 基础上发展起来的，它比传统的电信网络和电加光网络具有更大的通信容量，具备以往通信网和现行 SDH/DWDM 光通信系统所不具有的优点。

(1) 充分利用了光纤的带宽资源，采用 DWDM 技术进行光域组网，减少了电 / 光或光 / 电变换，突破了电子瓶颈，减少了信息传输的拥塞。

(2) 全光网络具有开放性，对不同的速率、协议、调制频率和制式的信号同时兼容，并允许几代设备 PDH、SDH、ATM，甚至 IP 技术共存，共同使用光纤基础设施，各种信号在光网络中完全透明传送。

(3) 全光网络不仅扩大了网络容量，更重要的是易于实现网络的动态重构，可为大业务量的节点建立直通的光通道。利用光分插复用器 (OADM) 可实现在不同节点灵活地上 (插入)、下 (分出) 波长，利用光交叉连接 (OXC) 实现波长路由选择、动态重构、网间互联和自愈等功能。

(4) 由于光节点取代电节点，取消了由于电 / 光或光 / 电转换所需的调制器和检测器，这样不存在信号转换的响应速度限制，大大提高了传送效率。另外，也克服了原有电子交换节点的时钟偏移、漂移、串话、响应速度慢等缺点。

(5) 采用虚波长通道技术，解决网络的可扩展性，节约网络资源。

(6) 网络结构简化，可靠性高，吞吐量大，是今后通信网发展的趋势。

6.3.2　全光网络的路由技术

在全光网络中，由于用光节点取代了电节点，节点间的路由选择必须在光域上完成。

路由用光通道来代表 (即两节点之间的传输通道)，而在一根光纤中，任何两路信号不能使用相同波长。一个光通道只能对应一个波长，因此全光网络中的路由选择实质是波长选择。波长选路问题与网络中可用的波长数、网络的结构、波长分配方案、节点的业务要求，甚至和网络的自愈、服务质量等因素有关。它是解决节点设备电子瓶颈的基础。

目前，全光网络主要采用 DWDM 技术，在 1530 ～ 1565 nm 的工作波长段，其波长数量是有限的，如何充分利用波长资源、合理分配光通道波长是实现全光网通信的一个关键技术。

光节点的波长路由算法有两种：波长通道 (WP) 算法和虚波长通道 (VWP) 算法。

波长通道路由算法属于集中控制选路策略，每次呼叫由网控中心将路由表送到所有节点，然后以同一波长建立一个光通道，即端到端的链路采用同一波长。这样 OXC 没有波长转换功能，对于一个通信不同节点之间的路由链路使用同一波长实现链接。图 6-40 所示为 WP 选路原理图。这种选路优点是节点内不需要进行波长变换，节点设备结构简单，造价低。其缺点是如有一个波长复用段没有对应的空闲波长，呼叫建立就失败。

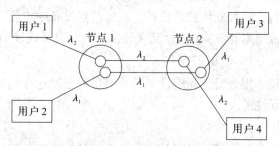

图 6-40　WP 选路原理图

由图 6-40 可见，用户 1 与用户 4 通信采用 λ_2 波长实现连接，节点 1 与节点 2 只需要进行 λ_2 波长的连接，但是如果某个方向的 λ_2 被其他用户占用，呼叫建立就会失败。

虚波长通道属分布式路由算法，它是指节点内利用 OXC 的波长转换功能，使光通道在不同的波长复用段内可以占有不同的波长，即可以由多个波长段的连接实现端到端的链路通道，从而有效地利用各波长复用段的空闲波长来创建波长通道，提高波长利用率。这种路由算法的优点是降低了光通道层的路由选择复杂性和选路需要时间，实现动态流量配置、网络重构和故障恢复，降低波长的阻塞。其缺点是网络节点的成本提高。波长转换的交叉连接方式有两种：一种是直接在光域进行波长变换；另外一种是依靠背靠背的光 / 电或电 / 光转换实现波长变换。前一种方式对传送光信号没有限制，但目前技术尚不成熟，而后者影响光通道的性能，但技术上比较切实可行。

采用虚波长通道的波长转换技术是充分利用有限的波长资源，快速、高效实现波道交换最有效和最理想的技术。而实现这一技术的关键就是开发相关的光学器件，在实现光信道交换的同时实现光波长的转换。

当 DWDM 网中的交换波长通道数目过大时，有可能出现相同波长的两个通路选同一输出端口，由于可能出现波长的争用而造成阻塞，最有效的解决方法就是把其中一路信号从一个波长转换到另一个波长。

图 6-41 所示为 VWP 选路原理示意图，网中共有 2 个节点，含 6 个波长，每一节点间可利用这 4 个波长建立光通道。

由图 6-41 可见，用户 1 与用户 4 光通道由节点 1 → 节点 2 连接，波长集分为 $\lambda_2 \rightarrow \lambda_3 \rightarrow \lambda_4$ 组成；用户 2 与用户 3 光通道由节点 1 → 节点 2 连接，波长集分为 $\lambda_1 \rightarrow \lambda_5 \rightarrow \lambda_6$ 组成。在任意节点上只要有空闲波道可用，就可实现波长转换连接，保证呼叫建立成功。

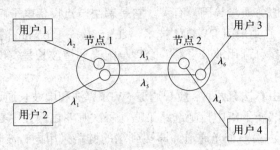

图 6-41　VWP 选路原理示意图

6.3.3　全光网络的交叉连接技术

为了实现灵活组网，充分利用波长资源，在光节点设备中主要以波长为单位进行交叉连接，常用的交叉连接技术有 3 类：光纤交叉连接、波长交叉连接和波长转换交叉连接。

1. 光纤交叉连接

光纤交叉连接是以一根光纤上所有波长的总容量为基础进行的交叉连接，此类交换方式交换容量大，但灵活性差。

2. 波长交叉连接

波长交叉连接可将任何光纤上的任何波长交叉连接到使用相同波长的任何光纤上，它比光纤交叉连接具有更大的灵活性。但由于不进行波长转换，这种方式的灵活性还是受到一定的限制。

3. 波长转换交叉连接

波长转换交叉连接可将任何输入光纤上的任何波长交叉连接到任何输出光纤上，由于采用了波长转换技术，这种方式可以实现波长之间的任意交叉连接，具有最高的灵活性。其关键技术是波长转换。波长交换的原则：优先选择相同波长进行连接；在没有相同波长时，需先进行波长转换再进行波长连接。

6.3.4　全光网络的设备类型

为了实现灵活组网，全光网络主要由光分插复用器 (OADM) 和光交叉连接器 (OXC) 组成。

在环形光传送网中，各节点主要采用 OADM 设备，根据 OADM 所在点上需要通信信息量的大小，解出相应的光波长 (下路) 或插入相应的光波长 (上路)。其功能如图 6-42 所示。

目前采用的 OADM 只能在中间局站上、下固定波长的光信号，使用起来比较死板。未来的 OADM 对上、下光信号将是完全可控制的，就像目前的 ADM 上、下电路一样，通过网管系统就可以在中间局随意地选择上、下一个或几个波长信道的光信号，使用起来非常方便，组网十分灵活。

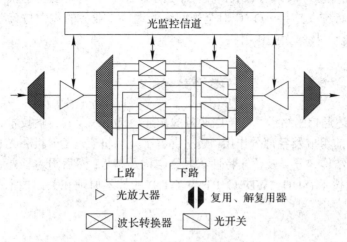

图 6-42　光分插复用器

　　OXC 是光传送网络的重要网络元件，主要设置在集中交换业务量较大的网络节点上。OXC 主要完成光通道的交叉连接和本地上、下路功能。

　　本地上、下光路功能与 ADM 相类似，将某些光路在本地下路送到 SDH 设备中或将 SDH 设备来的光信号进行复用送到主信道中传送。光通道交叉连接功能根据路由算法选择的不同，进行光波长选择或光波长的变换，以实现相同波长或不同波长通道的交叉连接。图 6-43 所示为 OXC 功能结构。

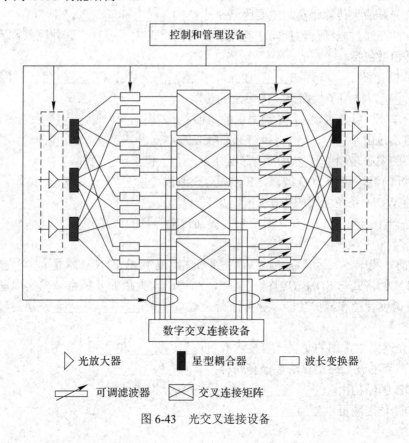

图 6-43　光交叉连接设备

与 OADM 相类似，未来的 OXC 将像现在的 DXC 一样，可以利用软件对各路光信号波长随意灵活进行交叉连接。OXC 对全光网络的调度、业务的集中与疏导、全光网络的保护与恢复等都会发挥重大的作用。

本 章 小 结

本章主要讲述通信网络承载、传送业务的光纤通信系统及其传输技术。首先简单介绍了光纤通信系统的组成及各部分作用；其次讲解了光端机（光发射机和光接收机）的结构及作用，光纤的结构、分类及传输特性，光缆结构及型号；然后阐述了光纤通信目前主要存在的四大传输技术 (SDH、WDM、PTN、OTN) 的技术原理和关键技术；最后展望了全光网络的未来。

习　　题

一、填空题

1. 通信用的光纤，绝大多数是用＿＿＿＿材料制成。折射率高的中心部分称为＿＿＿＿，折射率稍低的外层称为＿＿＿＿。

2. 光纤若按纤芯剖面折射率的分布不同来分，一般可分为＿＿＿＿光纤和＿＿＿＿光纤；若按纤芯中传输模式的多少来分，可分为＿＿＿＿光纤和＿＿＿＿光纤。

3. 影响光纤最大传输距离的主要因素是光纤的＿＿＿＿和＿＿＿＿。

4. 光脉冲在通过光纤传输期间，其波形在时间上发生了展宽，这种现象称为＿＿＿＿。

5. 光纤色散包括＿＿＿＿、＿＿＿＿和＿＿＿＿。

6. 在单模光纤中，不存在＿＿＿＿色散，只有＿＿＿＿色散和＿＿＿＿色散，因此它具有相当宽的＿＿＿＿，适用于长距离、大容量的传输。

7. 对于单模光纤来说，主要是频率色散，而对于多模光纤来说，＿＿＿＿色散占主要地位。

8. 光缆都是由＿＿＿＿、＿＿＿＿和＿＿＿＿组成的。

9. 光缆的缆芯是由＿＿＿＿组成，它可分为＿＿＿＿和＿＿＿＿两种。

10. 光纤的波段可分为 O 波段、E 波段、S 波段、＿＿＿＿波段、＿＿＿＿波段，其中目前 40 波以下的 WDM 系统主要应用在＿＿＿＿波段上。

11. 按信号的复用方式，光纤通信系统提高传输容量的方法有＿＿＿＿、＿＿＿＿、＿＿＿＿、＿＿＿＿、＿＿＿＿。

12. 目前，我国各大运营商和设备商主要研究、应用的 PTN 技术是＿＿＿＿技术类型。

13. OTN 帧格式与 SDH 的帧格式类似，通过引入大量的开销字节来实现基于波长的端到端业务调度管理和维护功能。业务净荷经过＿＿＿＿、＿＿＿＿、＿＿＿＿三层封装最终形成 OTUk 单元。

14. 全光网络中常用的交叉连接技术有＿＿＿＿、＿＿＿＿和＿＿＿＿3 类。

15. 光节点的波长路由算法选择有两种：＿＿＿＿和＿＿＿＿。

16. SDH 帧结构由＿＿＿＿、＿＿＿＿、＿＿＿＿三部分构成。

17. SDH 传送网可以分为＿＿＿＿、＿＿＿＿、＿＿＿＿。

18. SDH 线形网采用_____和_____的保护方式。

19. 自愈环按照保护业务的级别可分成_____和_____。

20. 光发送机的主要参数有_____和_____。

二、名词解释

1. 光通信：

2. 光纤通信：

3. 损耗：

4. 色散：

5. SDH：

6. WDM：

7. PTN：

8. PWE3：

9. OTN：

10. 全光网络：

11. ADM：

12. 段开销：

13. 自愈环：

14. ES 和 SES：

15. 消光比 (EXT)：

三、简答题

1. 光纤数字通信系统主要由哪几部分组成？主要作用是什么？

2. 画出光发射机原理框图，并简述各组成部分的作用。

3. 画出光接收机原理框图，并简述各组成部分的作用。

4. 说明下列光缆型号的含义：GJFBZY-12B1；GYTA51-30A1d；GYXTY-24B2；GYFTCZY-30B1；GYDTY51-720A1C；GYTY54-30A2a。

5. 画出 WDM 系统总体结构示意图，并说明各部分的作用。

6. PTN 按功能分层可分为几层？各层作用是什么？

7. OTN 与 SDH 的主要区别是什么？

8. 基于光层交叉的 ROADM 目前存在什么缺陷？

9. 基于电层交叉的 OTH 目前存在什么缺陷？

10. 全光网络中常用的交叉连接技术有几种？各自的特点是什么？

11. SDH 相比 PDH 有哪些特点？

12. 段开销分哪几部分？各部分在帧中的位置如何？

13. 简述 2 Mb/s 映射和复用成 STM-N 的过程。

14. 简述链型网的两种保护倒换方式的区别。

15. 简述我国 SDH 传送网络的分层。

第7章 接 入 网

7.1 接 入 网 概 述

1. 接入网的基本概念

ITU-T 在 G.902 建议中对接入网的定义是：由业务节点接口 (SNI) 和用户–网络接口 (UNI) 之间的一系列传送实体 (包括线路设施和传输设施) 组成，为传送电信业务而提供所需传送承载能力的系统，可经由 Q3 接口配置和管理。

G.902 定义的接入网主要是 PSTN 接入网，电信网中的本地数字交换机与接入网设备之间通过 V5 接口连接，主要实现远端电话用户接入 PSTN。G.902 定义的接入网是传统意义上的接入网，区别于第 3 章中 Y.1231 定义的 IP 接入网。

G.902 定义的接入网是由 3 个接口定界的，即用户通过 UNI 连接到接入网；接入网通过 SNI 连接到业务节点；通过 Q3 接口连到电信管理网 (TMN) 上，如图 7-1 所示。

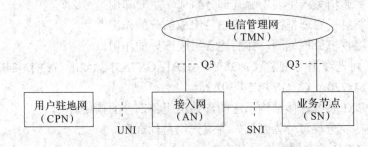

图 7-1 接入网的定界

业务节点 (SN) 是指能独立提供某种业务的实体，即一种可提供各种交换型或永久连接型的电信业务的网元，例如本地交换机、X.25 节点机、DDN 节点机、特定配置下的点播电视和广播电视业务节点等，支持窄带接入业务和宽带接入业务并连接到电信网中。

电信管理网 (TMN) 是收集、处理、传送和存储有关电信网操作维护和管理信息的一种综合手段，可以提供一系列管理功能，对电信网实施管理控制。它是通信技术与计算机技术相互渗透和融合的产物。电信管理网的目标是最大限度地利用电信网络资源，提高运行质量和效率，向用户提供优质的通信服务。电信管理网能使各种操作系统之间通过标准接口和协议进行通信联络，在现代电信网中起支撑作用。TMN 有 5 种节点：操作系统 (OS)、网络单元 (NE)、中介装置 (MD)、工作站 (WS)、数据通信网 (DCN)。TMN 中有 3

类标准接口：Q 接口、F 接口、X 接口。

2. 接入网的特点

传统的接入网是以双绞线为主的铜缆接入网，近年来，随着接入网技术和接入手段不断更新，出现了铜线接入、光纤接入、无线接入并行发展的格局。电信接入网与核心网相比有非常明显的区别，具有以下特点：

(1) 接入网结构变化大、网径大小不一。在结构上，核心网结构稳定，规模大，适应新业务的能力强；而接入网用户类型复杂，结构变化大，规模小，难以及时满足用户的新业务需求，由于各用户所在位置不同，造成接入网的网径大小不一。

(2) 接入网支持各种不同的业务。在业务上，核心网的主要作用是比特的传送；而接入网的主要作用是实现各种业务的接入，如话音、数据、图像、多媒体等。

(3) 接入网技术可选择性大，组网灵活。在技术上，核心网主要以光纤通信技术为主，传送速度高，技术可选择性小；而接入网可以选择多种技术，如铜线接入技术、光纤接入技术、无线接入技术，还可选择混合光纤同轴电缆 (HFC) 接入技术等。接入网可根据实际情况提供环型、星型、总线型、树型、网状、蜂窝状等灵活多样的组网方式。

(4) 接入网成本与用户有关、与业务量基本无关。各用户传输距离的不同是造成接入网成本差异的主要原因，市内用户比偏远地区用户的接入成本要低得多；核心网的总成本对业务量很敏感，而接入网成本与业务基本无关。

接入网可以选择多种技术，就现状而言，接入网的技术可以分为有线接入和无线接入两类。

3. 接入网的接入技术分类

有线接入网包括铜线接入网、光纤接入网、混合光纤同轴电缆 (HFC) 接入网等。

1) 铜线接入网

在传统电信网中，主要采用双绞铜线向用户提供电话业务。在现代电信网中，通过采用先进的数字信号处理技术来提高双绞铜线的传输容量，以满足用户对各种电信业务的需求，如高速上网、视频业务等。

铜线接入网采用普通电话线 (双绞铜线) 作为传输介质，铜线接入技术包括线对增容技术和数字用户线 (xDSL) 技术。线对增容技术是指利用普通电话线 (双绞铜线) 在交换机与用户之间传送多路复用信号的技术，如 N-ISDN 技术。xDSL 技术是指采用不同调制方式将信息在普通电话线 (双绞铜线) 上高速传输的技术，包括非对称 (异步) 数字用户线 (ADSL)、高比特数字用户线 (HDSL)、甚高速数字用户线 (VDSL) 技术等。其中，ADSL 在 Internet 高速接入方面应用广泛、技术成熟；VDSL 在短距离 (0.3 ～ 1.5 km) 内提供高达 52 Mb/s 传输速率，大大高于 ADSL 和 Cable Modem。

ADSL 是目前得到普遍应用的 xDSL 技术，它的下行通信速率远远大于上行通信速率，最适用于 Internet 接入和视频点播 (VOD) 等业务。ADSL 从局端到用户端的下行和用户端到局端的上行的标准传输设计能力分别为 8 Mb/s 和 640 kb/s，ADSL 的下行速率受到传输距离的影响，处于比较理想的线路质量情况下，在 2.7 km 传输距离时，ADSL 的下行速率为 8.4 Mb/s 左右；而在 5500 m 传输距离时，ADSL 的下行速率就会下降到 1.5 Mb/s 左右。

2) 光纤接入网

光纤接入网采用光纤作为传输介质，利用光网络单元 (ONU) 提供用户侧接口。由于光纤上传送的是光信号，因而需要在交换局侧利用光线路终端 (OLT) 进行电 / 光转换，在用户侧要利用 ONU 进行光 / 电转换，将信息送至用户设备。

根据 ONU 放置的位置不同，光纤接入网可分为光纤到大楼 (FTTB)、光纤到路边 (FTTC) 或光纤到小区 (FTTZ)、光纤到户 (FTTH) 或光纤到办公室 (FTTO) 等。FTTB 与 FTTC 的结构相似，区别在于 FTTC 的 ONU 放置在路边，而 FTTC 的 ONU 放置在大楼内；FTTH 从端局连接到用户家中的 ONU 全程使用光纤，容量大，可以及时引入新业务，但成本比较高。

3) 混合光纤同轴电缆接入网

混合光纤同轴电缆 (HFC) 接入网采用光纤和同轴电缆作为传输介质，是电信网和有线电视 (CATV) 网相结合的产物。实际上，将现有的单向模拟 CATV 网改造为双向网络，利用频分复用技术和 Cable Modem 实现话音、数据和交互式视频等业务的接入。Cable Modem 是专门在 CATV 网上开发数据通信业务而设计的用户接入设备。

局端将电信业务和视像业务综合，从前端通过光载波经光纤馈线网传送至用户侧的光网络单元 (ONU) 进行光 / 电转换，然后经同轴电缆传送至网络接口单元 (NIU)。每个 NIU 服务于一个家庭，它的作用是将整个电信号分解为电话、数据、视频信号送达各个相应的终端设备。用户可以利用现有的电视机而无须外加机顶盒就能接收模拟电视信号。

采用 FTTC ＋ HFC 的组网方式，可以提供交互式数字视频 (SDV)。在 SDV 中，FTTC 和 HFC 是重叠的：一是用 FTTC 来传送所有交换式数字业务，包括话音、图像和视频；二是用 HFC 来传送单向模拟视频信号，同时向 FTTC 的 ONU 供电。

4) 无线接入网

无线接入网是由业务节点接口 (SNI) 和用户网络接口 (UNI) 之间的一系列传送实体组成的，是为传送电信业务而提供所需传送承载能力的无线实施系统。

无线接入 (WA) 是指利用无线通信技术 (包括移动通信、VSAT、微波、卫星、无绳电话等) 实施接入网的全部或部分功能，向用户提供固定的或移动的终端业务。无线接入网可以全部或部分地替代有线接入网，具有组网灵活、使用方便和成本较低等特点，特别适合于农村、沙漠、山区和自然灾害严重等不便于使用有线接入的地区，是对有线接入的有效支持、补充和延伸，是快速、灵活装备与实现普遍服务的重要手段。另外，无线接入技术也是实现个人通信的关键技术之一，未来个人通信的目标是实现任何人在任何时候、任何地方能够以任何方式与任何人进行通信。无线接入技术是无线通信技术与接入网技术的结合，采用无线通信技术将用户驻地网或用户终端接入到公用电信网的核心网的系统，称为无线接入系统或无线本地环路 (WLL) 系统。

无线传输通过电磁波实现，电磁波是由传输天线中的电流感应产生的震荡电磁射线，电磁波在空气中或自由空间中传播，然后被接收天线感应。

在无线通信中，频率影响着数据传送量和传送速率，传输功率决定有效信号的可传输距离并保持信号的可被理解性。一般来说，低频传输携带的数据量小，速度慢，但传输距离较远；而高频传输携带的数据量大，速度快，但传输距离较近。

7.2 铜线接入

铜线接入，即数字用户环路 (DSL) 技术，是一种利用普通铜质电话线路实现高速数据传输的技术。数据传输的距离通常在 300 m ～ 7 km 之间，数据传输的速率可达 1.5 ～ 52 Mb/s。

xDSL 是各种 DSL 类型的总称，包括 HDSL、SDSL、ADSL、RADSL、VDSL 和 IDSL 等。其中，"x" 由取代的字母而定。各种 DSL 技术的区别主要体现在信号传输速率和距离的不同，以及上行速率和下行速率是否具有对称性两个方面。

ADSL 是目前使用最多的一种接入方式，它是利用一对铜双绞线，实现上、下行速率不相等的非对称高速数据传输技术，是对 HDSL 技术的发展。

ADSL 接入系统的主要技术特点如下：

(1) 采用了适合用户接入业务的不对称传输结构，可为用户提供高速的数据传输信道。

(2) 采用先进的线路编码和调制技术，具有较好的用户线路适应能力。

(3) 可同时支持话音和数据业务，并将数据和话音流量在网络结构的接入端实现分离。

(4) 可充分利用现有市话网络中大量的铜缆资源，并且可与光纤接入网中的光缆铺设计划协调发展，从而为用户提供高质量的数据接入服务。它适用于个人用户宽带接入 Internet 网络、企业点对点连接和局域网互联等应用。

符合 ITU-T G.992.1 建议 (G.dmt) 的 ADSL 是在电话用户线上采用分离器技术，支持上行速率为 640 kb/s，最低下行速率为 6.144 Mb/s 的非对称高速数据传输，有效传输距离为 3 ～ 5 km。由于采用分离器，系统成本偏高，且需要派专业人员上门安装。

符合 ITU-T G.992.2 建议 (G.Lite) 的 ADSL 不用分离器技术，它是一种简化的 ADSL，最高下行速率为 1.536 Mb/s，上行速率为 512 kb/s，有效传输距离为 3 ～ 5 km。ADSL G.Lite 具有成本低、安装简便的优点，因此发展较快。

ADSL 接入系统的基本结构由局端设备和用户端设备组成，局端设备包括在中心机房的 ADSL Modem(即 ATU-C 局端收发模块)、DSL 接入多路复用器 (DSLAM) 和局端分离器。用户端设备包括用户 ADSL Modem(即 ATU-R 用户端收发模块) 和 POTS 分离器。目前，ADSL 系统有两种传送模式，一种是基于 ATM 传送方式的 ADSL 系统；另一种是基于 IP 和 Ethernet 包传送方式的 ADSL 系统。对于第一种方式的 ADSL 系统，局端设备一般通过 34 Mb/s 或 155 Mb/s ATM 接口和 ATM 交换机相连；对于第二种方式的 ADSL 系统，局端设备一般通过 100 base-T 或 10 base-T 接口与路由器或接入服务器相连。ADSL 接入模型如图 7-2 所示。

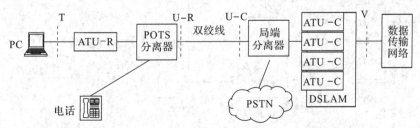

图 7-2 ADSL 接入模型

DSLAM 的功能是对多条 ADSL 线路进行复用，并以高速接口接入高速数据网，能与多种数据网相连，接口速率支持 155 Mb/s、100 Mb/s、45 Mb/s 和 10 Mb/s。ADSL 网络管理平台能灵活地对 ADSL 线路进行配置、监测和管理，允许采用多种计费方式。

信号分离器是一个 3 端口器件，由一个双向低通滤波器和一个双向高通滤波器组合而成，如图 7-3 所示。信号分离器在一个方向上组合两种信号，而在另一个方向上则将这两种信号分离。其中，低通滤波器用于传输话音信号，抑制数据信号传输的干扰；高通滤波器用于传输数据信号，抑制话音信号传输的干扰。为了使得话音信号和数据信号能同时在一条双绞线上传输，在双绞线的两端都需要有一个信号分离器。

图 7-3　信号分离器

7.3　光　纤　接　入

光纤接入网 (OAN) 泛指在本地交换机，或远端模块与用户之间全总或部分采用光纤作为传输介质的一种接入网。目前的接入网主要是铜缆网 (如双绞电话线)，铜缆网的故障率很高，维护运行成本也很高，光纤接入网的引入首先是为了减少铜缆网的维护运行费用和故障率；其次是为了支持开发新业务，特别是多媒体和宽带新业务；最后是为了改进用户接入性能。在铜缆上的传输业务经常会受到各种干扰和距离的限制，用户接入速率一般不会很高，传输距离通常也受限在 10 km 以内，而光纤接入网，在技术上要远比铜缆优越，受环境干扰和距离限制远没有铜缆网强，而且速率还可远高于传统的铜缆，具有非常明显的发展潜力。采用光纤接入网已经成为解决电信发展瓶颈的主要途径，不仅适合于新建的用户小区，而且也是现有铜缆网的主要替代手段。

7.3.1　光纤接入网的基本结构

光纤接入网主要由光线路终端 (OLT)、光配线网 (ODN) 和光网络单元 (ONU) 三大部分组成，如图 7-4 所示。

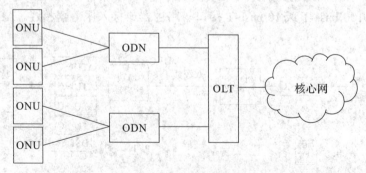

图 7-4　光接入网的系统模型

(1) 光线路终端。OLT 位于 ODN 与核心网之间，实现核心网与用户间不同业务的传递功能，通常安装在服务提供端的机房中。它可以区分交换和非交换业务，管理来自 ONU 的信令和监控信息并向网元管理系统提供网管接口，完成接口适配、复用和传输功能。同一个 OLT 可连接一个或多个 ODN，为 ODN 提供网络接口。OLT 可以直接设置在本地交换机接口处，也可以设置在远端，与远端集线器或复用器接口，OLT 在物理上可以是独立设备，也可以与其他功能集成在一个设备内。

(2) 光配线网络。ODN 位于 ONU 和 OLT 之间，为 OLT 与 ONU 提供光传输手段，完成光信号的传输和功率分配任务。通常 ODN 是由光连接器、光分路器、波分复用器、光衰减器、光滤波器和光纤光缆等无源光器件组成的无源光分配网，呈树形分支结构。

(3) 光网络单元。ONU 位于用户和 ODN 之间，实现用户接入，其主要功能是终结来自 ODN 的光纤、处理光信号并为多个小企事业用户和居民住宅用户提供业务接口。ONU 的网络侧是光接口，用户侧是电接口，因此，ONU 需要有光/电和电/光转换功能，还要完成对语音信号的数/模和模/数转换、复用、信令处理和维护管理功能。它既可以安装在用户住宅处，也可以安装在路边 (DP) 处甚至楼边 (FP) 处。

ONU 上有多种用户接口，以支持不同的线路，如 10/100base-T, 1000base-FX 以太网接口、T1/E1 接口、DS0、DS3、V5.1 和 V5.2 接口等，它是通过在模块结构中安装不同的接口卡来实现的。

1. 光纤接入网的分类

从光纤接入网的网络结构来看，按室外传输设备中是否含有源设备，光纤接入网可分为有源光网络 (AON) 和无源光网络 (PON) 两大类。

1) 有源光网络

有源光网络主要采用电复用器分路，是指 OLT 和 ONU 之间通过有源光传输设备相连。根据传输技术不同，AON 又可分为基于 SDH 的 AON、基于 PDH 的 AON、基于 MSTP 和基于 PPPOE 的 AON。目前以基于 SDH 技术为主。有源光网络具有以下技术优势：

(1) 传输容量大：目前用在接入网的 SDH 传输设备一般提供 155 Mb/s 或 622 Mb/s 的接口，有的甚至提供 2.5 Gb/s 的接口。将来只要有足够的业务量需求，传输带宽还可以增加。

(2) 传输距离远：在不加中继设备的情况下，传输距离可达 70 ～ 80 km。

(3) 用户信息隔离度好：有源光网络的网络拓扑结构无论是星型还是环型，从逻辑上看，用户信息的传输方式都是点到点方式。

(4) 技术成熟：无论 SDH 设备还是 PDH 设备，均已在以太网中大量使用。

(5) 成本降低：由于 SDH 技术在骨干传输网中大量使用，有源光接入设备的成本已大大下降，但在接入网中与其他接入技术相比，其成本还是比较高的。

2) 无源光网络

无源光网络是指在 OLT 和 ONU 之间的光分配网络没有任何有源电子设备，主要采用光分路器分路。1983 年，BT 实验室首先发明了 PON 技术；PON 是一种纯介质网络，由于消除了局端与用户端之间的有源设备，它能避免外部设备的电磁干扰和雷电影响，减少线路和外部设备的故障率，提高系统可靠性，同时可节省维护成本，是电信维护部门长期期待的技术。PON 的业务透明性较好，原则上适用于任何制式和速率的信号。目前基于 PON 的实用技术主要有 APON/BPON、GPON、EPON/GEPON 等几种，其主要差异在于采用了不同的二层技术。

2. 光纤接入网的特点

光纤接入技术与其他接入技术 (如铜双绞线、同轴电缆、无线等) 相比，其具体优点表现如下：

(1) 传输速率高。现在采用的光纤波分复用技术可使一根光纤的传输容量加大到 Tb/s 级，4 光路的 WDM 技术可以使一根光纤同时传输 40 Gb/s 信息量；100 光路的 WDM 技术可以使一根光纤同时传输 1 Tb/s 信息量，这是其他有线接入网无法比拟的。

(2) 功率增益高，频率宽。现代的 WDM/DWDM 光纤系统中采用 EDFA 掺铒光纤放大器能够使带宽从 20 ～ 30 nm 扩展到 80 ～ 100 nm，对 1550 nm 窗口提供足够的功率增益。

(3) 适合各种综合业务。因为光纤接入有极高的传输速率和带宽，所以用户可以通过光纤接入网实现各种信息传输业务，它有利于传统电话通信网 (PSTN)、互联网 (Internet) 和有线电视广播网 (CATV) "三网合一"。光纤接入网能满足用户对各种业务的需求。

(4) 传输质量高。光纤通信可以克服铜线电缆无法克服的一些限制因素，如光纤损耗、频带宽，解除了铜线直径小的限制，光纤不受电磁干扰，保证了信号传输质量，用光缆代替铜线，可以解决城市地下通信管道拥挤的问题。

当然，与其他接入技术相比，光纤接入网也存在一定的劣势，主要表现在如下几个方面：一是成本较高，尤其是光节点离用户越近，每个用户分摊的接入设备成本就越高；二是与无线接入相比，光纤接入网还需要管道资源，配置也较复杂。但采用光纤接入网是光纤通信发展的必然趋势，光纤到户是公认的接入网发展目标。

7.3.2 EPON 接入

随着 IP 技术的不断完善，大多数运营商已经将 IP 技术作为数据网络的主要承载技术。由此也衍生出大量以以太网技术为基础的接入技术。同时由于以太技术的高速发展，使得 ATM 技术完全退出了局域网。因此把简单、经济的以太技术与 PON 的传输结构结合起来的 Ethernet over PON 概念，自 2000 年开始引起技术界和网络运营商的广泛重视。IEEE 802.3 EFM(Ethernet for the First Mile) 会议又加速了 EPON 的标准化进程并于 2004 年 4 月通过了 IEEE 802.3ah 标准。

1. EPON 基本特征

EPON 的基本特征有：

(1) 单纤双向，上行 1310 nm，下行 1490 nm。

(2) 下行广播发送，选择接收。

(3) 上行 TDM 方式发送，分享带宽。

(4) 直接基于以太网包传输，数据业务不需映射或处理，与 IP 网络紧密结合。

(5) TDM 等异质协议数据包需要映射，关键特性能够保证。

(6) 传输距离 ≤ 20 km，分支比 1∶64(IEEE 标准建议 1∶16，国内 EPON 标准建议 1∶32，10 km)。

EPON 无源光网络是一种点对多点的无源光接入网络，是第二层采用 802.3 以太网帧来承载业务的 PON 网络。EPON 采用点到多点结构、无源光纤传输方式，在以太网之上提供多种业务。目前，IP/Ethernet 的应用，占整个局域网通信的 95% 以上，EPON 由于使用上述经济而高效的结构，将成为连接接入网最终用户的一种最有效的通信方法。

EPON 不需任何复杂的协议，光信号就能精确传送到终端用户，来自终端用户的数据也能被集中传送到中心网络。在物理层，EPON 使用 1000base 的以太网，同时在 PON 的传输机制上，通过新增加的 MAC 控制命令来控制和优化各 ONU 与 OLT 之间突发性数据通信和实时的 TDM 通信。在协议的第二层，EPON 采用成熟的全双工以太技术。使用 TDM，由于 ONU 在自己的时隙内发送数据报，因此没有碰撞，不需要 CDMA/CD，从而充分利用了带宽。

2. EPON 数据传输

EPON 下行传输如图 7-5 所示，EPON 下行数据的传送方式采用广播发送。OLT(光线路终端) 连续广播发送，ONU(光网络单元) 则选择性接收。ONU 根据数据包头部标识 (ID) 取出发送给自己的数据；EPON 可高效支持组播或广播业务；下行发送数据的光波长为 1490 nm。

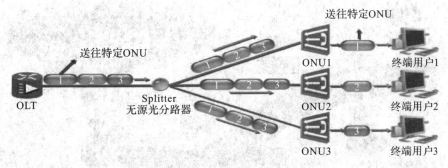

图 7-5 EPON 下行传输

EPON 上行传输如图 7-6 所示，上行信号分时突发发送，采用测距技术保证上行数据不发生冲突；EPON 上行帧以时分复用的形式由各个 ONU 发送的数据包组成，各 ONU 在授权时隙内突发传送数据；各个 ONU 发送的上行数据流通过光分路器耦合共用光纤，以 TDM 的方式复合成一个连续的数据流。每个 ONU 有一个 TDM 控制器，它与 OLT 的定时信息一起控制上行数据包的发送时刻，避免复合时数据发生碰撞和冲突。当 ONU 没有数据发送时，也需要填充 OLT 分配给自己的时隙；上行发送数据的光波长为 1310 nm。

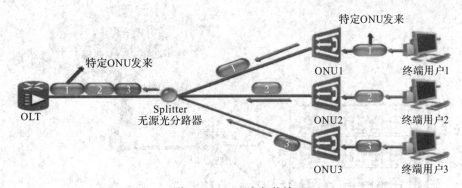

图 7-6 EPON 上行传输

3. EPON 的优势

EPON 的优势为节省设备及运行维护费用，可靠性高，属于无源光学网，网络中无有源电子器件，网络组件数量少，这意味着故障率将显著降低；提供的带宽可在相当长的时间内满足用户对带宽的需求；PON 可以在高带宽 (1:32) 的情况下保证 20 km 的传输距离，完全克服了以太网和 xDSL 技术在距离和带宽上的局限性，使接入方案的部署更为灵活；以太网是承载 IP 业务的最佳载体；几乎所有的上网设备都有以太网口，以太网从局域走向城域；EPON 协议简单，设备成本低，设备成熟可用。

4. EPON 应用举例

1) 商业用户接入

对于在狭长地带分布的多个网吧，采用 EPON 接入可大量节约光缆，只需要沿街铺设一条光纤，就可以解决多个网吧的接入，商业用户接入如图 7-7 所示。用户到局端之间为无源设备，大大降低了运行维护费用。

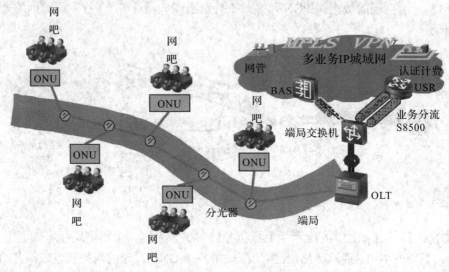

图 7-7　EPON 商业用户接入

2) 小区接入

光纤到住宅楼采用五类线入户；综合业务接入实现 Internet/IPTV/VoIP；高度集中的运营管理与维护使得成本大大降低。小区接入如图 7-8 所示。

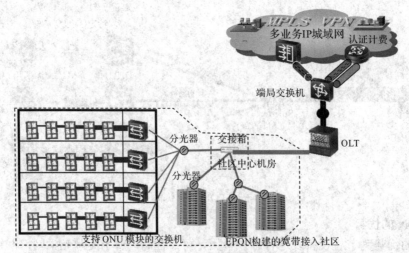

图 7-8　EPON 小区接入

3) 乡村接入

每个乡镇部署一台 OLT，每村部署一台 ONU，分光器按需配置；采用 20 km 超长距离传输，最大覆盖可达 40 km；节省主干光纤资源，主干只需要一根光纤就可以解决多个远距离用户的接入；分光器为无源设备，分光器和 ONU 提供室外机型，降低了组网成本和运行维护成本；运营管理与维护高度集中；ONU 下挂 DSLAM，利用 ADSL2 + 特性更大地延伸了宽带区域，实现了广覆盖；综合业务接入电话、Internet、IPTV 等。乡村接入如图 7-9 所示。

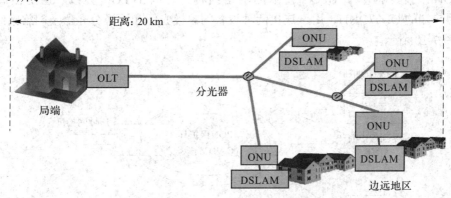

图 7-9　EPON 乡村接入

7.3.3　GPON 接入

GPON 是目前最为理想的宽带光纤接入网技术。其主要技术特点如下：

1. 提供多速率等级

在 G.984.1 标准中定义了 7 种类型的速率等级，见表 7-1。上、下行速率可以是对称的，也可以是非对称的，能满足不同的用户要求并具有扩展性。

表 7-1　速　率　等　级

上　　行	下　　行
155.52 Mb/s	1.244 16 Gb/s
622.08 Mb/s	1.244 16 Gb/s
1.244 16 Gb/s	1.244 16 Gb/s
155.52 Mb/s	2.448 32 Gb/s
622.08 Mb/s	2.448 32 Gb/s
1.244 16 Gb/s	2.448 32 Gb/s
2.448 32 Gb/s	2.448 32 Gb/s

2. 支持多种业务

GPON 支持多种类型业务，具有丰富的用户网络接口和业务节点接口。另外，GPON 引入了一种新的传输汇聚子层 (GTC)，用于承载 ATM 业务流和 GEM 业务流。GEM 作为一种新的封装结构，主要用于封装那些长度可变的数据信号和 TDM 业务。GTC 由成帧子层和适配子层组成，也可看成由两个平面组成，分别为 C/M(用户管理) 平面和 U 平面，C/M 平面负责管理用户业务流、安全、OAM 等，U 平面负责承载用户业务流。

3. 采用前向纠错编码 (FEC)

GPON 的 OLT 和 ONU 之间的最大逻辑距离可达 60 km，最大速率为 2.448 32 Gb/s。为了保证长距离传输，引入了前向纠错编码技术。利用 FEC 技术可大大降低传输误码率，可提高净增益约为 3 ~ 4 dB，从而延长传输距离。

GPON 系统结构基于 GPON 技术的网络结构与已有的 PON 类似，也是由局端的 OLT、用户端的 ONT/ONU、用于连接两种设备的单模光纤和无源分光器及网络系统组成的，如图 7-10 所示。

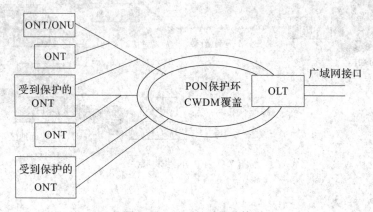

图 7-10　GPON 系统结构

一般采用树型拓扑结构，在需要提供业务保护的情况下，可加上保护环，对某些 ONT 提供保护功能。

OLT 位于中心机房，向上提供广域网接口，包括 GbE、OC-3/STM-1、DS-3 等，向下提供 1.244 Gb/s 或 2.488 Gb/s 的光接口。ONU/ONT 放在用户侧，为用户提供 10/100base-T、T1/E1、DS-3 等应用接口。面向 ODN 网可选择多种光接口速率：155.520 Mb/s、622.080 Mb/s、1.244 Gb/s 或 2.488 Gb/s。ONU 与 ONT 的区别在于 ONT 直接位于用户端，而 ONU 与用户间还有其他的网络，如以太网。

GPON 下行采用广播方式，上行方向采用基于统计复用的时分多址接入技术。GPON 通过 CWDM 覆盖实现数据流的全双工传输。

7.4　混合光纤 / 同轴电缆接入

混合光纤 / 同轴电缆网 (HFC) 是在有线电视 (CATV) 网的基础上发展起来的一种新型的宽带业务网，是美国 AT&T 公司于 1993 年提出的。它是一种城域网或局域网的结构模式，采用模拟频分复用技术实现。常见的拓扑结构与 CATV 的拓扑结构类似，也是树型分支结构，采用共享介质。HFC 和 CATV 不同之处主要有以下两点，一是在 HFC 网中，干线传输系统作用光纤作传输介质，而在用户分配系统中仍然采用同轴电缆；二是 HFC 除可以提供原 CATV 网提供的业务外，还可以提供双向电话业务、高速数据业务和其他交互型业务，也称为全业务网。

一个双向 HFC 网络与 CATV 网类似，也是由馈线网、配线网和用户引入线 3 部分组成的，如图 7-11 所示。

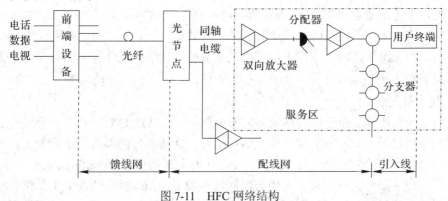

图 7-11　HFC 网络结构

1. 馈线网

HFC 的馈线网是指前端至服务区的节点之间的部分，大致对应 CATV 网的干线段。其区别是：在 HFC 系统中从前端至每一光纤节点，都用一根单模光纤代替了传统的干线电缆和一连串的几十个有源干线放大器。

从结构上说，HFC 的馈线网相当于用星型结构代替了树型分支结构。HFC 的结构又称光纤到服务区 (FSA)。一般一个光节点可以连接多个服务区，在一个服务区内，通过引入线接入的用户共享一根线缆，所以在 HFC 网络中，服务区越小，各个用户可用的双向通信带宽就越大，通信质量也越好。目前一个典型的服务区用户数为 500 户，将来可进一步降至 125 户或更少。

前端设备负责完成信号收集、交换及信号调制与混合，并将混合信号传输至光纤。目前应用的主要设备有调制器、变频器、数据调制器、信号混合器、激光发射机。

调制器将模拟音频及视频信号调制成射频信号；变频器完成音频、视频和数据中频信号到射频信号的转换；数据调制器完成数据信号的 QPSK 或 QAM 调制，将数据信号转换成数据中频信号；信号混合器将不同频率的射频信号混合，形成宽带射频信号；激光发射机将宽带射频信号转换成光信号，并将光信号送入光纤传输。

光节点负责将光信号转换为电信号并将电信号放大传输至同轴电缆网络。

2. 配线网

在传统 CATV 网中，配线网是指干线 / 桥接放大器与分支点之间的部分，典型距离为 1 ～ 3 km。而在 HFC 网中，配线网是指服务区光纤节点与分支点之间的部分，采用与传统 CATV 网相同的树型分支同轴电缆网，但其覆盖范围则已大大扩大为 5 ～ 10 km，因而仍需保留几个线路延长放大器，用以补偿同轴电缆对射频信号的衰减。这一部分设计的好坏往往决定了整个 HFC 网的业务量和业务类型，因此是十分重要的。

在设计配线网时，采用服务区的概念是一个重要的革新。采用了服务区的概念以后，可以将一个大网分解为一个个物理上独立的基本相同的子网，每个子网服务于较少的用户，允许采用价格较低的上行通道设备。同时每个子网允许采用同一套频谱安排而互不影响，其与蜂窝移动通信网十分类似，可最大限度地利用频谱资源。此时，每一个独立服务区可以接入全部上行通道带宽。若假设每一个电话占据 50 kHz 带宽，则只需要 25 MHz 上行通道带宽即可同时处理 500 个电话呼叫，多余的上行通道带宽还可以用来提供个人通信业务和其他各种交互式业务。

可见，服务区概念是 HFC 网得以提供除广播型 CATV 业务以外的双向通信业务和其他各种信息或娱乐业务的基础。当服务区的用户数目少于 100 户时，有可能省掉线路延长放大器而成为无源线路网，这样不但可以减少故障率和维护工作量，而且简化了更新升级至高带宽的程序。

3. 用户引入线

用户引入线指分支点至用户端设备之间的部分，与传统 CATV 相同，分支点的分支器是配线网与用户引入线的分界点。分支器是信号分路器和方向耦合器结合的无源器件，负责将配线网送来的信号分配给每一用户。在配线网上平均每隔 40 ～ 50 m 就有一个分配器，单独住所区用 4 路分支器即可，高楼居民区常常是多个 16 路或 32 路分支器结合使用。射频信号从分支器经引入线送给用户，传输距离仅几十米而已。与配线网使用的同轴电缆不同，引入线电缆采用灵活的软电缆形式，以便适应住宅用户的线缆敷设条件及作为电视、录像机、机顶盒之间的跳线连接电缆。

4. HFC 频谱分配

在 HFC 网络中，由于同轴电缆分配网实现双向传输，只能采用频分复用方式，故在频谱资源十分宝贵的情况下，必须考虑上、下行频率的分割问题。合理地划分频谱十分重要，既要考虑历史和现在，又要考虑未来的发展。HFC 网必须具有灵活的、易管理的频段规划，载频必须由前端完全控制并由网络运营者分配。

目前，虽然有关同轴电缆中各种信号的频谱划分尚无正式的国际标准，但已有多种建议方案。过去，为了确保下行的频率资源得到充分利用，通常采用"低分割"方案，即 5 ～ 30 MHz 为上行，30 ～ 48.5 MHz 为过渡带，48.5 MHz 以上全部用于下行传输。但近年来，随着各种综合业务的逐渐开展，低分割方案的上行带宽显得越来越不够用，且上行信道在频率低端严重的噪声积累现象，使该频段的利用也受到限制，进一步凸显了上行带宽的不足。

随着滤波器质量的改进，且考虑到点播电视的信令及电话数据等其他应用的需要，真正开展双向业务，可考虑采用"中分割"方案，即将上行通道进行扩展。如北美将上行通道扩展为 5 ～ 42 MHz，共 37 MHz，有些国家计划扩展至更高的频率。

以我国 HFC 频带划分为例，根据 GY/T 106—1999 标准的最新规定，在 HFC 网中，低端的 5 ～ 65 MHz 频带为上行数字传输通道，通过 QPSK 和 TDMA 等技术提供非广播数据通信业务，65 ～ 87 MHz 为过渡带。

87 ～ 1000 MHz 频带均用于下行通道，其中 87 ～ 108 MHz 频段为 FM 广播频段，提供普通广播电视业务。108 ～ 550 MHz 频段用来传输现有的模拟电视信号，采用残留边带调制(VSB)技术，每一通路的带宽为 6 ～ 8 MHz，因而总共可以传输各种不同制式的电视信号 60 ～ 80 路。

550 ～ 750 MHz 频段采用 QAM 和 TDMA 技术提供下行数据通信业务，允许用来传输附加的模拟电视信号或数字电视信号，但目前倾向用于双向交互型通信业务，特别是电视点播业务。假设采用 64QAM 调制方式和 4 Mb/s 速率的 MPEG-2 图像信号，则频率效率可达 5 b/(s·Hz)，从而允许在一个 6 ～ 8 MHz 的模拟通路内传输约 30 ～ 40 Mb/s 速率的数据信号，若扣除必需的前向纠错等辅助比特后，则大致相当于 6 ～ 8 路 4 Mb/s 的 MPEG-2 的图像信号，于是这 200 MHz 的带宽至少可以传输约 200 路 VOD 信号。当然，也可以利用这部分频带来传输电话、数据和多媒体信号，用户可选取 6 ～ 8 MHz 通路传电话；若采用 QPSK 调制方式，每 3.5 MHz 带宽可传 90 路 64 kb/s 速率的语音信号和 128 kb/s 的信令和控制信息，适当选取 6 个 3.5 MHz 的子频带单位置入 6 ～ 8 MHz 的通路即可提供 540 路下行电话通路。通常，这 200 MHz 频段传输混合型业务信号。随着数字编码技术的成熟和芯片成本的大幅度下降，550 ～ 750 MHz 频带可以向下扩展到 450MHz 及最终取代 50 ～ 550 MHz 模拟频段。届时这 500 MHz 频段可以传输约 300 ～ 600 路数字广播电视信号。

高端的 750 ～ 1000 MHz 频段已明确仅用于各种双向通信业务，其中 2 个 50 MHz 频带可用于个人通信业务，其他未分配的频段可以有各种应用以及应付未来可能出现的其他新业务。

实际 HFC 系统所用标称频带为 750 MHz、860 MHz 和 1000 MHz，目前用得最多的是 750 MHz 系统。几种典型的 HFC 频谱划分示意图如图 7-12 所示。

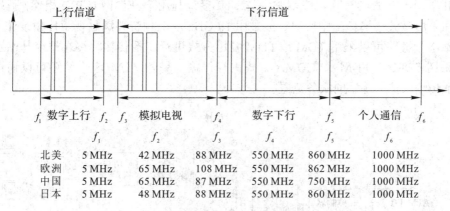

	f_1	f_2	f_3	f_4	f_5	f_6
北美	5 MHz	42 MHz	88 MHz	550 MHz	860 MHz	1000 MHz
欧洲	5 MHz	65 MHz	108 MHz	550 MHz	862 MHz	1000 MHz
中国	5 MHz	65 MHz	87 MHz	550 MHz	750 MHz	1000 MHz
日本	5 MHz	48 MHz	88 MHz	550 MHz	860 MHz	1000 MHz

图 7-12　HFC 频谱划分示意图

7.5　无 线 接 入

随着通信的飞速发展，在铺设最后一段用户线的时候面临着一系列难以解决的问题：铜线和双绞线的长度在 4 ～ 5 km 的时候出现高环阻问题，通信质量难以保证；山区、岛屿以及城市用户密度较大而管线紧张的地区用户线架设困难而导致耗时、费力、成本居高不下。为了解决这个所谓的"最后一千米"的问题，达到安装迅速、价格低廉的目的，作为接入网技术中的一个重要部分——无线接入技术便应运而生了。无线接入是指从交换节点到用户终端之间部分或全部采用了无线手段。

无线宽带接入技术具有组网灵活、成本较低等特点，成为有线宽带接入的有效支持、补充与延伸，适用于不便于铺设光纤，尤其是电话基础网络较薄弱的农村、沙漠、山区等地区。它利用无线信道实现高速数据、VOD 视频点播、广播视频和电话业务等。

7.5.1　本地多点分配业务

本地多点分配业务起源于微波视频分布系统 (MVDS) 技术，是一种高吞吐量、可提供多种宽带业务的点对多点的微波技术，工作频段一般为 10 ～ 40 GHz，可用带宽大于 1 GHz。LMDS 采用小区制技术，小区半径一般在 5 km 左右，LMDS 利用高容量点对多点微波传输，用户接入速率高达 155 Mb/s，因此被誉为"无线光纤"技术。LMDS 具有高带宽、双向无线传输等特点，主要应用是向用户提供双向话音、宽带交互式数据、多媒体业务等，如宽带视频分配业务。它克服传统本地环路的瓶颈，适用于高密度用户地区或光纤、铜线等有线手段很难到达的区域，满足用户对高速数据和图像通信日益增长的需求，特别适用于突发性数据业务和 Internet 接入。

LMDS 是结合高速率的无线通信和广播的具有交互性的系统。LMDS 网络结构主要由核心网、网络运行中心 (NOC)、服务区中的基站系统和服务区中的用户端设备组成。核心网一般由光纤传输网、ATM 交换、IP 交换或 IP + ATM 架构而成的核心交换平台以及与 Internet、公共电话网 (PSTN) 的互联模块等组成。

典型的 LMDS 系统结构由基站 (又称中心站)、终端站 (又称远端站或用户站)、网管系统组成，如图 7-13 所示。其中基站和终端站均包括室内单元和室外单元两部分，基站通过 SNI 接口与核心网相连，终端站通过 UNI 接口与用户驻地网 (CPN) 相连；基站与终端站之间采用微波传输，空中接口一般采用 10 GHz 以上频带并满足视距传输条件，基站至终端站下行链路可以采用 TDM 或 FDM 复用方式进行广播传输，终端站至基站上行链路可以采用 TDMA、FDMA、CDMA 方式进行传输。另外，LMDS 系统还可以通过接力站的中继传输来扩大基站的服务范围。

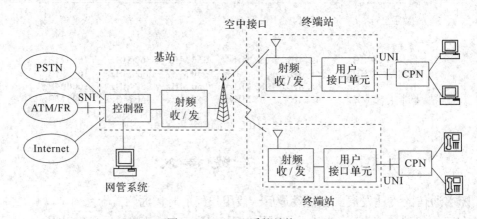

图 7-13　LMDS 系统结构

1. 基站

LMDS 采用一种类似蜂窝的服务区结构，将一个需要提供业务的地区划分为若干服务区，每个服务区内设基站，基站位于服务区的中心，负责进行用户端的覆盖，可对不同扇区的多个终端站提供服务，提供与核心网的接口，完成 SNI 接口与空中无线接口之间信号的处理与变换，并且负责 LMDS 系统无线资源管理。

基站包括室内单元和室外单元两部分。室内单元作为控制器，将来自各个扇区不同用户的上行业务信息进行适配和汇聚复用，送往核心网，同时将来自核心网的下行业务信息分送至各个扇区。基站控制器主要包括调制解调单元、MAC 卡和光网络接口。其中，调制解调单元将来自核心网的基带信号进行调制处理，变换为中频信号后送往基站射频收发器，或将来自基站射频收发器的信号进行解调，变换为基带信号后送往核心网。MAC 卡用于终端站的接入请求控制和无线资源管理。光网络接口提供 LMDS 系统与核心网之间的接口。室外单元作为射频设备，将中频信号变换至相应的微波频段，通过天线发射出去，或将天线收到的微波信号变换至中频信号送往基站控制器，射频设备包括射频收发器和天线，基站天线可以采用全向天线对整个服务区进行覆盖，也可以采用定向天线进行扇区化覆盖。基站控制器与室外单元之间通过中频电缆相连。

LMDS 系统的基站采用多扇区覆盖，使用在一定角度范围内聚焦的喇叭天线来覆盖用户端设备。基站的容量取决于以下因素：可用频谱的带宽、扇区数、频率复用方式、调制技术、多址方式及系统可靠性指标等。系统支持的用户数则取决于系统容量和每个用户所要求的业务。基站覆盖半径的大小与系统可靠性指标、微波射频收发器性能、信号调制方式、电波传播路径以及当地降雨情况等许多因素有关。

2. 终端站

终端站位于用户驻地，主要任务是接收基站的下行广播信号，从中提取属于自己的业务信号，将其分配到各个用户；同时将来自本站各个用户的信号进行复用，采用 TDMA、FDMA 或 CDMA 方式发送到基站。

终端站均包括室内单元和室外单元两部分。室外单元包括射频收发器、天线和馈线，终端站室外单元通常安装在建筑物的屋顶上，通常采用口径很小的室外定向天线；室内单元包括调制解调单元和用户接口单元，可提供多种业务接口，一般有 E1、10/100base-T、POTS、ATM、FR、ISDN 等接口，可以支持多种应用，如 E1 接口与用户交换机相连，支持普通电话和 ISDN 业务；10/100base-T 接口与 HUB 或路由器等设备相连，支持 IP 数据业务，因此，LMDS 系统可以作为电信接入网使用，也可以作为 IP 接入网使用。

3. 网管系统

网管系统提供故障管理、配置管理、性能管理、安全管理和计费等基本功能，如自动功率控制、自动性能测试、远程管理等。网管系统可对基站和终端站设备进行集中监控，实现无人值守。

7.5.2 无线局域网

无线局域网是指以无线电波或红外线作为传输媒质的计算机局域网。无线局域网支持具有一定移动性的终端的无线连接能力，是有线局域网的补充。

一个典型的 WLAN 系统由无线网卡、无线接入点 (AP)、接入控制器 (AC)、PC 和有关设备 (如认证服务器) 组成，如图 7-14 所示。

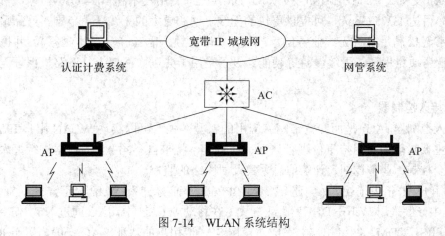

图 7-14 WLAN 系统结构

1. 无线网卡

无线网卡称为站适配器，是计算机终端与无线局域网的连接设备，在功能上相当于有线局域网设备中的网卡。无线网卡由网络接口卡 (NIC)、扩频通信机和天线组成，NIC 在数据链路层负责建立主机与物理层之间的连接，扩频通信机通过天线实现无线电信号的发射与接收。

无线网卡是用户站的收发设备，一般有 USB、PCI 和 PCMCIA 无线网卡。无线网卡支持的 WLAN 协议标准有 802.11a、802.11b、802.11g、802.11n、802.11ac、802.11ax 等。

要将计算机终端连接到无线局域网，必须先在计算机终端上安装无线网卡，安装过程是：

(1) 将无线网卡插入到计算机的扩展槽内；

(2) 在操作系统中安装该无线网卡的设备驱动程序；

(3) 对无线网卡进行参数设置，如网络类型、ESSID、加密方式及密码等。

【产品实例】英特尔 Wi-Fi6 AX200 无线网卡。

该产品支持 IEEE 802.11ax 标准的 Wi-Fi6 AX200 无线网卡，支持 2 × 2 MU-MIMO 多用户多入多出，2.4 GHz、5 GHz 双频段，峰值传输速率为 2.4 Gb/s。

2. 无线接入点

无线接入点 (AP) 称为无线 Hub，是 WLAN 系统中的关键设备。无线 AP 是 WLAN 的小型无线基站，也是 WLAN 的管理控制中心，负责以无线方式将用户站相互连接起来，并可将用户站接入有线网络，连接到 Internet，在功能上相当于有线局域网设备中的集线器 (Hub)，也是一个桥接器。无线 AP 使用以太网接口，提供无线工作站与有线以太网的物理连接，部分无线 AP 还支持点对点和点对多点的无线桥接以及无线中继功能。无线 AP 与无线路由器的区别是：无线 AP 与无线路由器都使用以太网接口，但无线 AP 是无线局域网物理层连接设备，没有路由器和防火墙功能，而无线路由器是无线局域网网络层连接设备，它是路由器与无线 AP 功能的结合，提供基本的防火墙功能。

【产品实例】信锐 NAP-3822E-X。

信锐 NAP-3822E-X 无线接入点 (AP)，内置矩阵式智能天线，基于最新的 Wi-Fi6 标准 (802.11ax)，支持 2 × 2 MU-MIMO 技术、OFDMA 空间复用技术和 1024 QAM 调制解调算法，最高速率可达 1.775 Gbp/s，可提供更快的无线上网和更大的无线覆盖范围。产品最大传输速率能够轻松满足各种无线业务的承载使用 (如视频、语音等多媒体业务)，并提供智能射频、服务质量保证、无缝漫游等功能。设备采用千兆以太网口上行链路，保证无线高速传输。

3. 接入控制器

接入控制器 (AC) 是面向宽带网络应用的新型网关，可以实现 WLAN 用户 IP/ATM 接入，其主要功能是对用户身份进行认证、计费等，将来自不同 AP 的数据进行汇聚并支持用户安全控制、业务控制、计费信息采集及对网络的监控。

在用户身份认证上，AC 通常支持 PPPoE 认证方式和 Web 认证方式，在电信级 WLAN 中一般采用 Web ＋ DHCP 认证方式。在移动 WLAN 中，AC 通过 No.7 信令网关与 GSM/GPRS、CDMA 网络相连，完成对使用 SIM 卡用户的认证。AC 一般内置于 RADIUS 客户端，通过 RADIUS 服务器支持 "用户名 ＋ 密码" 的认证方式，AP 与 RADIUS 服务器之间基于共享密钥完成认证过程协商出的会话密钥为静态管理，在存储、使用和认证信息传递中存在一定的安全隐患，如泄漏、丢失等。例如华为公司在移动 WLAN 建设中，AC 为 MA 5200 宽带 IP 接入服务器，支持普通上网模式、Web 认证上网模式和基于 SIM 卡上网模式，接入控制器 MA 5200 作为计费采集点，将计费信息发送给计费网关。

本 章 小 结

本章向读者介绍了各种宽带接入技术。

有线宽带接入技术，包括铜线接入、混合同轴接入和光纤接入。铜线接入，即数字用户环路技术是一种利用普通铜质电话线路，实现高速数据传输的技术。光纤接入是采用光纤作为传输介质，利用光网络单元提供用户侧接口。由于光纤上传送的是光信号，因而需要在交换局侧利用光线路终端进行电 / 光转换，在用户侧要利用 ONU 进行光 / 电转换，将信息送至用户设备。根据 ONU 放置的位置不同，光纤接入网可分为光纤到大楼、光纤到路边或光纤到小区、光纤到户或光纤到办公室等。混合光纤 / 同轴电缆网是在有线电视网的基础上发展起来的一种新型的宽带业务网。无线接入是指从交换节点到用户终端之间，部分或全部采用了无线手段。

无线宽带接入技术具有组网灵活、成本较低等特点，成为有线宽带接入的有效支持、补充与延伸，适用于不便于铺设光纤，尤其是电话基础网络较薄弱的农村、沙漠、山区等地区，它利用无线信道实现高速数据传输、VOD 视频点播、广播视频和电话业务等。

习 题

1. 试画出 ADSL 宽带接入系统模型。
2. WLAN 常用的设备有哪些？
3. LMDS 的含义是什么？ LMDS 系统由哪些部分组成？
4. 简述 EPON 上、下行传输原理。
5. HFC 的频谱是如何划分的？
6. 光接入网分为哪两类？
7. 光接入网由哪三大部分组成？

第8章 下一代网络

下一代网络 (Next Generation Network，NGN)，是基于分组的网络。所谓下一代网，是一个定义极其松散的术语，泛指一个不同于目前一代的，以数据为中心的融合网络。NGN 的出现与发展不是革命，而是演进。从业务上看，应支持话音和视频业务及多媒体业务；从网络上看，在垂直方向应包括业务和传送层，在水平方向应覆盖核心网和边缘网。这是一种业务驱动型网络，通过业务和呼叫完全分离，呼叫控制和承载完全分离，从而实现相对独立的业务体系，使业务独立于网络。这是一种开放式综合业务架构。NGN 是集话音、数据、传真和视频业务于一体的全新的网络。

8.1 NGN 简介

8.1.1 NGN 的概念

从字面上理解，我们可以叫它为下一代网络。NGN 是电信史上的一块里程碑，标志着新一代电信网络时代的到来。从发展的角度来看，NGN 在传统的以电路交换为主的PSTN 网络中逐渐迈出了向以分组交换为主的步伐，它承载了原有 PSTN 网络的所有业务，同时把大量的数据传输卸载到 ATM/IP 网络中以减轻 PSTN 网络的重荷，又以 ATM/IP 技术的新特性增加和增强了许多新老业务。从这个意义上讲，NGN 是基于 TDM 的 PSTN 语音网络和基于 ATM/IP 的分组网络融合的产物，它使得在新一代网络上进行语音、视频、数据等综合业务成为了可能。

1. 下一代网络广义的概念

下一代网络泛指一个不同于现有网络，大量采用当前业界公认的新技术，可以提供语音、数据及多媒体业务，能够实现各网络终端用户之间的业务互通及共享的融合网络。

下一代网络包含下一代传送网、下一代接入网、下一代交换网、下一代互联网和下一代移动网，如图 8-1 所示。

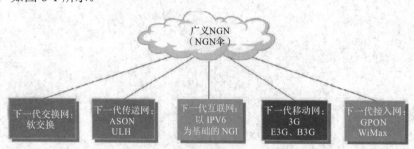

图 8-1　广义 NGN 分层图

2. 下一代网络狭义的概念

下一代网络特指以软交换设备为控制核心，能够实现语音、数据和多媒体业务的开放的分层体系架构，是一个基于软件的分布式控制 / 交换平台。

在这种分层体系架构下，能够实现业务控制与呼叫控制分离，呼叫控制与接入和承载彼此分离，各功能部件之间采用标准的协议进行互通，能够兼容各业务网 (PSTN、IP 网、移动网等) 技术，提供丰富的用户接入手段，支持标准的业务开发接口并采用统一的分组网络进行传送。分层体系架构如图 8-2 所示。

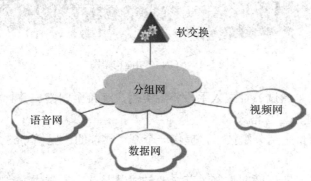

图 8-2　狭义 NGN 分层图

8.1.2　NGN 的网络架构

1. NGN 的网络模型

在构建 NGN 的网络结构时，要充分考虑现有网络包括 PSTN 网络、ATM/IP 网络的结构特点，通过去粗取精，争取经得起时间考验。

NGN 的物理模型如图 8-3 所示。

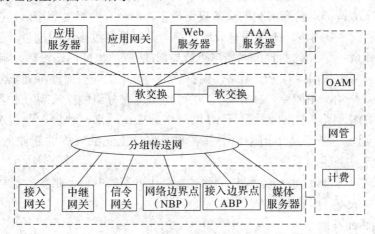

图 8-3　NGN 的网络模型图

该模型从结构上看似乎与原电路交换模型同构，其实内涵上不可相提并论。这里点明，只是通过比较来增加对新模型的理解。

2. NGN 的功能构架

在 NGN 物理模型基础上，国际、国内网络设备提供商和 NGN 研究组织就 NGN 的功能构架基本能达成一种默契。这种默契的 NGN 功能构架如图 8-4 所示。

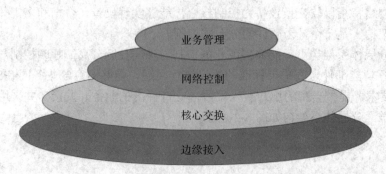

图 8-4　NGN 的功能构架图

(1) 边缘接入层。通过各种接入手段将各类用户连接至网络，并且将信息格式转换成为能够在网络上传递的信息格式。

(2) 核心交换层。采用分组技术，提供一个高可靠性的、提供 QoS 保证和大容量的统一的综合传送平台。

(3) 网络控制层。实现呼叫控制，其核心技术就是软交换技术，完成基本的实时呼叫控制和连接控制功能。

(4) 业务管理层。在呼叫建立的基础上提供额外的增值服务，以及运营支撑。

8.1.3　NGN 的网络特点

通过将 NGN 层次化，可以达到以下特点：

1. 控制与承载分离

控制与承载分离的最大好处是，承载可以重用现有分组网络 (ATM/IP)，就成本和效益而言，这可以大大降低运营商的初期设备投资成本，对现有网络挖潜增效，提高现有分组网络的利用率；就容量而言，重用现有分组网络，其容量经过多年的投资，部分地区容量已经存在一定冗余；就可靠性而言，网络单点或局部故障对 NGN 网络没有影响或影响有限。

由于在媒体层上采用现有分组网络，现有分组网络上的业务能够得到充分继承。

另外，承载采用分组网络，NGN 可以很好地与现有分组网络实现互联互通，结束原 PSTN 网络、DDN 网络、HFC 网络、计算机网络等孤岛隔离，独自运营状况。再者，不同域的互联互通，也必将从中衍生出一些在单一媒体上无法开展的新业务，如 WECC、PINT、SPIRITS 业务等。

控制与承载以标准接口分离，可以简化控制，让更多的中小企业参与竞争，打破垄断，降低运营商采购成本。

2. 业务与呼叫分离

业务是网络用户的需求，需求的无限性决定了业务将是无限和不收敛的。如果将业务与呼叫集成在一起，则呼叫的规模和复杂度也必将是无限的，无限的规模和复杂度是不可控和不安全的。事实上，呼叫控制相对于业务而言是相对稳定和收敛的，我们将呼叫控制从业务中分离出来，可以保持网络核心的稳定和可控，而不会妨碍人们无限想象力。人们可以通过业务服务器 (Application Server) 的方式，不断延伸用户的需求。

3. 接口标准化，部件独立化

部件之间采用标准协议，如媒体网关控制器 (或软交换) 与媒体网关之间采用 MGCP、H.248、H.323 或 SIP 协议。 媒体网关控制器 (或软交换) 之间采用 BICC、H.323 或 SIP-T 协议等。接口标准化是部件独立化的前提和要求，部件独立化是接口标准化的目的和结果。部件独立化，可以简化系统、促进专业化社会分工和充分竞争，优化资源配置，进而降低社会成本。

另外，接口标准化可以降低部件之间的耦合，各部件可以独立演进，而网络形态可以保持相对稳定，业务的延续性有一定保障。

4. 核心交换单一化，接入层多样化

在核心交换层 (Media Layer)，NGN 采用单一的分组网络，网络形态单一、网络功能简单化，这与 IP 核心网络的发展方向一致。因为核心网络的主要功能是快速路由和转发。如果功能复杂，则难以达到这个目标。

接入层面向广大用户，用户来自各个国家、各个地区、各个民族和种族，不同年龄、不同性别、不同职业，背景的不同决定了需要的差异。所以，单一的接入层根本无法满足千差万别的需求。以个性化、人性化的接入层亲近用户是网络发展的方向。

核心层单一化与接入层多样化字面上看是矛盾的，但实际上是可以调和的。这种矛盾可以通过媒体网关这个桥梁来解决。

5. 开放的 NGN 体系架构

NGN 之间不但采用开放的标准接口，而且 NGN 还对外提供 Open API，开放的网络接口设置可以满足人们业务的自编自演。

8.1.4 NGN 的目标

NGN 的发展目标是能够提供各种业务的综合、开放的网络。NGN 必须能够支持所有的通信业务，包括话音业务、宏观范畴的公用或专用 VPN 业务、固定业务、移动业务和从业务特性划分的单一媒体或多媒体业务，固定比特率或可变比特率业务，实时或非实时业务，单播或组播业务等。并且，不同业务的服务质量要求不同，所以，NGN 必须提供相应的服务质量保证机制。其次，随着移动网的迅猛发展和个人通信需求的日渐高涨，移动性的要求也越来越强烈，所以 NGN 必须能够支持移动 / 漫游特性、终端可携性等移动通信要求。此外，NGN 在商业等领域的应用，要求 NGN 提供绝对可靠的通信保密机制来保证通信的安全性。具体而言：

(1) 保护现有 PSTN/ISDN 网络投资，继承现有 PSTN/ISDN 网络业务。

(2) 三网融合，能够与现有 PSTN/ISDN、IP/ATM 网络和 HFC 网络、无线网络互连互通，在统一的平台上提供话音、数据和多媒体等完备的解决方案。

(3) 重用现有 IP/ATM 网络资源，降低运营商在初期设备投资上的成本。

开放的业务接口，为各类内容提供商提供开放的接口，便于 ICP 快速开发出更贴近需求的业务。NGN 是业务驱动型的网络，NGN 的最终目标是为用户提供个性化和人性化的业务。业务接口开发的网络才有自我更新和新陈代谢能力，基于业务的网络才是有生命力的网络。

8.2 NGN 关键技术介绍

8.2.1 软交换技术

1. 软交换的概念

美国贝尔实验室首先提出：软交换是一种支持开放标准的软件，能够基于开放的计算机平台完成分布式的通信控制功能，并且具有传统的电路交换机的业务功能。

从概念上讲，传统的交换机是电路交换，基于时隙的交换，软交换的思路和传统交换一样，只是交换的方式改为包交换，或者说叫 IP 交换。

从实际应用来讲，软交换就是指软交换设备。像概念所描述的，软交换与一般交换机的区别在于外部的接口不一样，内部的交换方式也不一样，软交换与一般交换机都是包交换的。

我国信息产业部对软交换的定义为："软交换是网络演进以及下一代分组网络的核心设备之一，它独立于传送网络，主要完成呼叫控制、资源分配、协议处理、路由、认证、计费等主要功能，同时可以向用户提供现有电路交换机所能提供的所有业务并向第三方提供可编程能力。"从广义上讲，软交换是指以软交换设备为控制核心的软交换网络。它包含 4 个功能层面：接入层、传送层、控制层和应用层。从狭义上讲，软交换特指位于控制层的软交换设备。

2. 软交换的功能

(1) 媒体网关控制功能。该功能可以认为是一种适配功能，它可以连接各种媒体网关，如 PSTN/ISDN IP 中继媒体网关、ATM 中继媒体网关、用户媒体网关、无线媒体网关、数据媒体网关等，完成 H.248 协议功能，同时还可以直接与 H.323 终端和 SIP 客户端终端进行连接，提供相应业务。

(2) 呼叫控制功能。呼叫控制功能是软交换的重要功能之一，它完成基本呼叫的建立、维持和释放，包括呼叫处理、翻译和选路、连接控制、智能呼叫触发检出和资源控制等，可以说，Softswitch 是整个 NGN 网络的灵魂。

(3) 业务提供功能。由于软交换在网络从电路交换网向分组网演进的过程中起着十分重要的作用，因此软交换应能够提供 CLASS 4 和 CLASS 5 交换机提供的全部业务，包括基本业务和补充业务；同时还应该可以与现有智能网配合提供现有智能网提供的业务。

(4) 信令互通功能。软交换为 NGN 的控制中心，可以通过一定的协议与外部实体如媒体网关、应用服务器、SCP、媒体服务器、多媒体服务器、策略服务器、信令网关、其他软交换进行交互，NGN 系统内部各实体协同运作来完成各种复杂业务。

软交换设备不仅是下一代分组网中语音业务、数据业务和视频业务呼叫、控制、业务提供的核心设备，也是电路交换电信网向分组网演进的重要设备。我国正在制定的《软交换设备(呼叫服务器)总体技术要求》是以国际电联、计算机标准化组织和软交换论坛制定的相关标准为基础，结合国内网络的实际情况和相关国内标准制定的。它是软交换设备研制、开发和生产的主要依据。

这一标准规定了软交换设备的系统结构、主要功能、通信接口、协议及其性能要求，并重点规定分组语音业务的技术要求。标准规定，软交换处理的协议及控制的媒体流基于

TCP/IP 承载方式。直接利用 ATM 方式承载呼叫控制协议和媒体流的技术要求及相关系统结构待定。

3. 软交换的对外接口

软交换与媒体网关间的接口用于软交换对媒体网关的承载控制、资源控制及管理，可使用媒体网关控制协议 (MGCP)、Internet 设备控制协议 (IPDC)、SIP 协议、H.323 或 H.248 协议。

软交换与信令网关间的接口用于传递软交换和信令网关间的信令信息，可使用信令控制传输协议 (SCTP) 或其他类似协议。

软交换间的接口实现不同软交换间的交互，可使用 SIP-T、H.323 或 BICC 协议。

软交换与应用 / 业务层之间的接口提供访问各种数据库、第三方应用平台、各种功能服务器等的接口，实现对各种增值业务、管理业务和第三方应用的支持。包括软交换与应用服务器间的接口可使用 SIP 或 API，如 Parlay，提供对第三方应用和各种增值业务的支持功能；软交换与策略服务器间的接口对网络设备的工作进行动态干预，此接口可使用 COPS 协议；软交换与网关中心间的接口实现网络管理，可使用 SNMP；软交换与智能网的 SCP 之间的接口实现对现有智能网业务的支持，此接口可使用 INAP。

软交换的协议框架如图 8-5 所示。

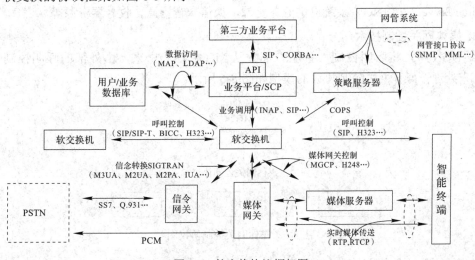

图 8-5　软交换协议框架图

8.2.2　媒体网关与控制技术

1. 媒体网关

网关包括信令网关 (SG) 和媒体网关 (MG)，SG 是一个信令代理，能够在 IP 网络边缘接收 / 发送 SCN(基于电路的网络) 内部信令，如图 8-6 所示。SS7-Internet 网关中的 SG 功能可能包括 SS7 信令的中继、翻译或终结。下面只介绍媒体网关，关于信令网关的知识请参阅 SIGTRAN 部分。

媒体网关设备是处于不同媒体域之间的一种转换设备，主要功能是实现不同媒体域 (如电路域、IP 域和 ATM 域等) 的互联互通。

MG 在 MGC(或软交换 Softswitch) 的控制下，实现跨媒体业务。MGC 与 MG 之间是控制与被控制的主从关系。在 NGN 中，MGC 与 MG 之间的交互协议采用标准、开放的协议，如 MGCP 协议、H.248 协议、SIP 协议和 H.323 协议等。

根据网关的用户和规格，可以将媒体网关分为以下几种：

(1) IP 中继媒体网关 (Trunking Gateway)：传统电话网和承载语音的 IP 网的接口。这种网关一般要管理大量的数字电路。

(2) ATM 中继媒体网关 (Voice over ATM Gateway)：和中继网关类似，是电话网和承载语音的 ATM 网络的接口。

(3) 住宅网关 (Residential Gateway)：直接连到用户已有设备 CPE (POTS、ISDN 电话装置、PC 电话) 上，它允许直接在数据网络上传输来自个别住宅用户的语音呼叫。通常情况下，住宅网关将被置于用户处，提供定量的电话门数 (1 ～ 10 门)。

(4) 接入网关 (Access Gateway)：提供传统模拟用户线或者数字专用分组交换机和承载语音的 IP 网络之间的接口。一些接入网关包括小规模的 VoIP 网关。

(5) 商业网关 (Business Gateway)：提供传统专用分组交换机或者集成的"软件 PBX"和承载语音的 IP 网接口。

(6) 无线网关 (Wireless Gateway)：与接入网关功能相同，但它处理的是移动接入网。

(7) 资源网关 (Resource Gateway)：也称资源服务器 / 多媒体服务器 (Multimedia Resource Server)，为 NGN 系统提供业务资源，如信号音资源、收号器资源等。

2. 媒体网关控制技术

在 NGN 中，将呼叫控制"智能"部分从 MG 中抽取出来，由外部的呼叫控制单元 MGC 来处理。媒体网关控制协议的模型如图 8-6 所示。

图 8-6　媒体网关控制协议图

目前比较成熟的媒体网关控制协议有 MGCP 协议、H.248 协议、SIP 协议和 H.323 协议等。在 MGC-MG 模型中，这些协议都工作在主从方式。

8.2.3　软交换技术的协议

按照协议的功能，系统中的协议大致分为以下 3 类：

(1) 承载控制协议 (MGCP)：用于媒体网关控制器控制媒体网关，如接入媒体网关 (AMG)、中继媒体网关 (TMG) 等。

(2) 呼叫控制协议 (SIP)：用于控制呼叫过程建立、接续、中止的协议。

(3) 信令传输协议 (SIGTRAN)：为软交换提供信令传输业务。

1. 承载控制协议

承载控制协议用于媒体网关控制器与媒体网关之间的通信。

1) MGCP

(1) MGCP 的概念。MGCP 协议是 1999 年由 IETF 制定的媒体网关控制协议。假定一种呼叫控制结构,在该结构中,呼叫控制功能独立在网关外并由外部呼叫控制单元处理,从本质上说,MGCP 是一个主从协议,网关需要执行媒体网关控制器发出的命令。

(2) MGCP 的呼叫连接模型如图 8-7 所示。

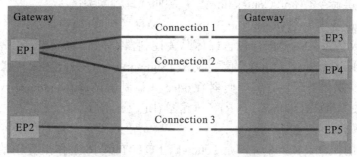

MGCP是基于端点和连接的一种连接模型

图 8-7　MGCP 呼叫连接模型

① 端点 (EP):端点就是数据源或者数据宿,分为物理端点和虚拟端点两种。

物理端点:如 64 kb/s 的中继电路、模拟用户线接口。

虚拟端点:如语音服务器上语音资源等。

端点描述格式:local-endpoint-name@domain-name。

端点的标识可以引入通配符"*"或"$"。"*"代表所有符合指定条件的端点,"$"表示从符合相关条件的端点中任选一个。

② 连接 (Connection)。

点到点连接:两个互相发送数据的端点之间的一种关联,一旦该关联在两个端点都建立起来后,就可开始传送数据。

多点连接:多个端点之间的关联。

连接标识与呼叫标识:由网关为每个连接分配唯一的一个连接标识 (Connection ID)。与连接相关联的属性之一是呼叫标识符 (Call ID),与 Connection ID 不同的是,呼叫标识符由呼叫代理创建,在同一个呼叫中,所有涉及的连接共享同一个呼叫标识符。

连接可建在不同类型的承载网络之上:通过 RTP 承载于 IP 网络;通过 AAL2 承载于 ATM 网络。

(3) MGCP 的协议命令。MGCP 采用文本协议,协议消息分为命令和响应,每个命令需要接收方回送响应,采用三次握手方式证实。命令消息由命令行和若干参数行组成,响应消息带有 3 位数字的响应码。MGCP 采用媒体描述协议 (SDP) 向网关描述连接参数。为了减小信令传送时延,MGCP 采用用户数据报协议 (UDP) 传送。协议命令包括:

① 端点配置命令 (EP Configuration),从呼叫代理到网关。

② 通知请求命令 (Notification Request),从呼叫代理到网关。

③ 通知命令 (Notify),从网关到呼叫代理。

④ 创建连接命令 (Create Connection),从呼叫代理到网关,呼叫代理用该命令将某端点与指定的 IP 地址和 UDP 端口关联,另外,还向远端端点发送创建连接命令,建立两个

端点间的连接。

⑤ 修改连接命令 (Modify Connection)，从呼叫代理到网关，修改以前建立连接的参数。

⑥ 删除连接命令 (Delete Connection)，从呼叫代理到网关 (也可从网关到呼叫代理)，删除以前建立的连接。

⑦ 审计端点命令 (Audit Endpoint)，从呼叫代理到网关。

⑧ 审计连接命令 (Audit Connection)，从呼叫代理到网关。

⑨ 重启动进行中命令 (Restart in Progress)，从网关到呼叫代理。

MGCP 协议体系的主要部件包含媒体网关控制器 (Media Gateway Controller，MGC)、媒体网关 (Media Gateway，MG)、信令网关 (Signaling Gateway，SG)、媒体资源 (Media Resource)。其中媒体资源包含编解码器 (Codec)、调制解调器 (Modem)、交互式语音应答系统 (Interactive Voice Response，IVR)、桥路器 (Bridge) 等。

2) H.248 协议

(1) H.248 的概念。H.248 协议是 2000 年由 ITU-T 第 16 工作组提出的媒体网关控制协议，它是在早期的 MGCP 协议基础上改进而成的，是 MGCP 的后继协议和最终替代者。其主要的作用就是将呼叫逻辑控制从媒体网关分离出来，使媒体网关只保持媒体格式转换功能。

(2) H.248 的呼叫连接模型。H.248 协议的目的是对媒体网关的承载连接行为进行控制和监视。

H.248 协议定义的连接模型包括终端 (Termination) 和关联 (Context) 两个主要概念。H.248 的呼叫连接模型如图 8-8 所示。

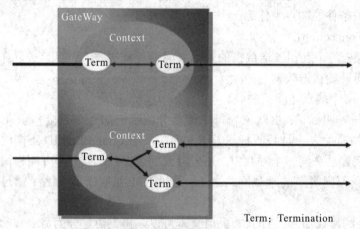

Term：Termination

图 8-8　H.248 呼叫连接模型

① 终端：媒体流的源和宿。一个终端可以终结一个或多个媒体流。

半永久性终端：物理终端，例如 IAD 上的一个 Z 接口。

临时性终端：一个信息流，例如一个 RTP 语音流。

Root 终端：代表 MG 本身。

终端是 MG 中的逻辑实体，能发送和接收一种或多种媒体流和控制流。在任何时候，一个终端属于且只能属于一个关联，可以表示时隙 (TDM)、模拟线和实时传输协议 (RTP) 流等。终端类型主要有半永久性终端 (TDM 信道或模拟线等) 和临时性终端 (如

RTP 流，用于承载语音、数据和视频信号或各种混合信号)。用属性、事件、信号、统计表示终端特性。为了解决屏蔽终端多样性问题，在协议中引入了包概念，将终端的可选特性参数组合成包。

一个关联是一些终端间的联系，它描述终端之间的拓扑关系及媒体混合 / 交换的参数。

② 关联域：代表一组终端之间的相互关系。

Null Context：空关联域，代表尚未和其他终端关联的终端，例如，空闲的用户线。

(3) H.248 的协议命令如图 8-9 所示。

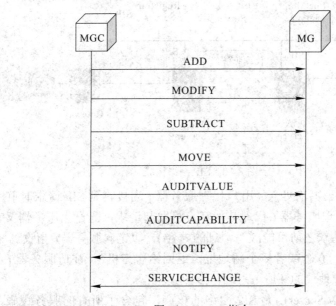

图 8-9 H.248 指令

ADD：MGC → MG，把一个终端加入一个关联域中，如果 Context ID 没有指定就新建一个关联域。

MODIFY：MGC → MG，修改终端属性、事件或者信号属性。

SUBTRACT：MGC → MG，从一个关联域中移出一个终端。如果关联域中没有任何终端，则删除关联域。

MOVE：MGC → MG，将一个终端从一个关联域中移到另一个关联域中。

AUDITVALUE：MGC → MG，获得终端的当前信息、事件、信号信息以及统计信息。

AUDITCAPABILITY：MGC → MG，获取一个媒体网关的容量性能指标。

NOTIFY：MG → MGC，媒体网关通过此命令通知媒体网关控制器在其内部发生的事件 (比如用户提机)。

SERVICECHANGE：MGC ↔ MG，MGC → MG 启动服务，退出服务，注册。

2. 呼叫控制协议

1) SIP

(1) SIP(Session Initiation Protocol，会话启动协议) 是由 IETF 提出并主持研究的一个在 IP 网络上进行多媒体通信的应用层控制协议，它被用来创建、修改和终结一个或多个参加者参加的会话进程。

(2) SIP 网络的构成如图 8-10 所示。

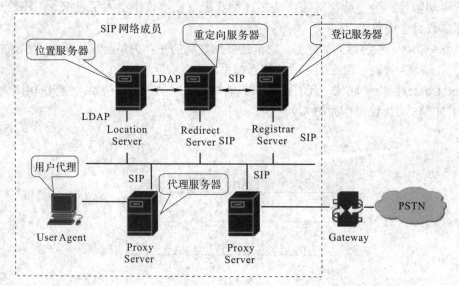

图 8-10　SIP 网络构成

① 服务器。服务器共有四类：用户代理服务器 (当接收到 SIP 请求时联系用户并代表用户返回响应)，代理服务器 (代理其他客户机发起请求，既充当服务器又充当客户机的媒介程序，在转发请求之前可能改写消息的内容)，重定向服务器 (当收到 SIP 消息时，把请求中的地址映射为 0 个或者多个新地址，返回给客户机)，注册服务器 (收到客户机的注册消息，完成用户地址的注册)。

代理服务器 (Proxy Server)：是 SIP 网络的核心，包含了所有的服务逻辑，代表其他客户机发起请求，既充当服务器，又充当客户机的媒介程序。与重定向服务器 (Redirect Server) 及位置服务器 (Location Server) 有联系。为其他的客户机代理，进行 SIP 消息的路由转发功能。消息机制与 UAC 和 UAS 相似。

重定向服务器 (Redirect Server)：将用户新的位置信息告诉请求方，这是与代理服务器的本质区别。逻辑位置上，重定向服务器一般靠近被叫用户，当重定向服务器接收用户的请求时，它只是将用户当前的位置告诉请求方，而不像代理服务器那样代理用户的请求，其功能其实类似于 DNS，重定向消息可以由用户终端的客户端发出，也可以由网络中的服务器发出，当用户当前不想接收呼叫时，可以通过发送此消息，告诉网络中的服务器将呼叫重新路由到个人语音信箱或其他通信地址，如果不想受终端限制，即如果通过终端发送此消息，必须保证终端在线，重定向消息可以由网络中的服务器发出。

位置服务器 (Location Server)：是一个数据库，用于存放终端用户当前的位置信息，为 SIP 重定向服务器或代理服务器提供被叫用户可能的位置信息。

登记服务器 (Registrar Server)：当用户上电或者到达某个新域时，需要将当前位置登记到网络中的某一个服务器上，以便其他用户找到该用户。完成该功能的服务器在 SIP 网络中成为注册服务器。

② 用户代理。

UA：直接与用户发生交互作用的功能实体，它能够代理用户所有的请求和响应。

UAC：主叫用户代理，支持用户的各项操作，发起和传送 SIP 请求，与服务器建立连接的应用程序。

UAS：用户代理服务器，被叫用户代理，收到 SIP 请求的时候，连接用户并代表用户返回响应，响应用来接收、终止和重定向请求。

值得注意的是，UAC 和 UAS 是相对于事务而言的，由于一个呼叫中可能存在多个事务，因此对于同一个功能实体，在同一个呼叫中的不同阶段会充当不同的角色，例如，主叫用户在发起呼叫时，逻辑上完成的是 UAC 的功能，并在此事务中充当的角色都是 UAC，当呼叫结束时，如果被叫用户发起 BYE，此时主叫用户侧的代理所起的作用是 UAS。

用户代理可以执行在不同的系统中，例如，可以是 PC 上的一个应用程序，也可以运行在 SIP 终端，用户发起呼叫时，首先通过 UAC 来完成自己所表达的意思，同理，UAS 会告诉被叫用户当前有请求到达。

(3) SIP 的消息。

① SIP 请求消息。

● INVITE：通过邀请用户参与来发起一次呼叫。

● ACK：请求用于证实 UAC 已收到对于 INVITE 请求的最终响应，和 INVITE 消息配套使用。

● BYE：USER AGENT 用此方法指示释放呼叫。

● CANCEL：该方法用于取消一个尚未完成的请求，对于已完成的请求则无影响。

● REGISTER：客户使用该方法在服务器上登记列于 TO 字段中的地址。

● OPTIONS：用于询问其服务能力。

● INFO：用于承载带外信息，如 DTMF 信息。

② SIP 响应消息。

● 1xx：正在处理的信息。

● 2xx：成功。

● 3xx：重定向。

● 4xx：Client 错误。

● 5xx：Server 错误。

● 6xx：Global 错误。

2) H.323 协议

(1) H.323 的概念。

H.323 是 ITU 制定的用于在分组交换网中提供多媒体业务的通信控制协议，呼叫控制是其中的重要组成部分，它可用来建立点到点的媒体会话和多点媒体会议。

H.323 是 ITU 的一个标准建议族，其中 H.323 V.1 于 1996 年由 ITU 的第 15 研究组通过；H.323 V.2 于 1998 年 3 月由 SG-16 制定并获得通过；1999 年 5 月，IUT 发布了 H.323 V3 的测试版本。H.323 标准包括在无 QoS 保证的分组网络中进行多媒体通信所需的技术要求。作为 Softswitch 体系中的一大协议族，目前在 VOIP 等领域有广泛的应用，其在会议控制、视频业务等方面具有比较成熟和完善的定义和应用。

H.323 是介于传输层和应用层之间的协议。在 H.323 的多媒体通信系统中，信息流包含音频、视频、数据和控制信息。具体的 H.323 控制协议包括 H.225.0、H.245、H.235

和 H.45x 等。而 H.225.0 包括 RAS 和 Q.931。Q.931 主要用于呼叫的建立、拆除和呼叫状态的改变。在呼叫信令流程的建立过程中，所涉及的消息均在 H.225.0 及 H.245 中规定。H.245 是媒体会话控制协议，主要完成网关参数协商、控制语音逻辑通道打开或关闭、协商 RTP 端口等，而 H235、H45x 等完成加密、附加业务等信令规范和控制。

(2) H.323 系统的构成，如图 8-11 所示。

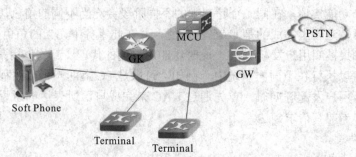

图 8-11　H.323 系统组成

① Terminal：终端，在分组网络上遵循 H.323 标准进行实时通信的端点设备。

② GK(Gatekeeper)：网守，处于高层，提供对端点 (终端、网关、多点控制单元统称为端点) 和呼叫的管理功能，是 H.323 电话网络系统中的重要管理实体。

③ GW(Gateway)：网关，负责不同网络间信令和控制信息转换以及媒体信息变换和复用。

④ MCU(Multipoint Control Unit)：多点控制单元，用于多媒体视讯会议 (Video Conference) 所用到的设备中，主要功能是协调及控制多个终端间的视讯传输。

(3) H.323 协议。H.323 本身是个协议集，主要包含 RAS、Q.931 和 H.245 协议 。RAS 在 UDP 上传输，Q.931 在 TCP 上传输，而 H.245 在 TCP 上传输，如图 8-12 所示和图 8-13 所示。

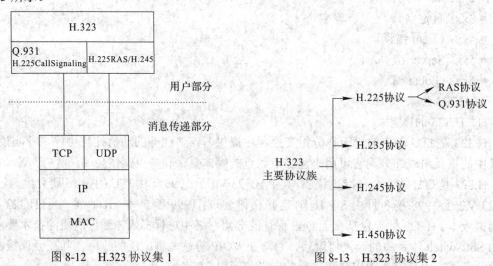

图 8-12　H.323 协议集 1　　　　　　图 8-13　H.323 协议集 2

ITU-T H.323：用于提供不保证质量的业务本地网上的可视电话系统和终端设备。

ITU-T H.225：用于不保证质量的业务本地网上的可视电话系统的媒体流的打包与

同步。

ITU-T H.235：H.323 的加密控制协议。

ITU-T H.245：多媒体通信的媒体控制协议。

ITU-T H.450：H.323 的补充业务控制协议。

RAS：注册、认证、状态控制协议。

Q931：呼叫控制协议。

3. 信令传输协议

1) SIGTRAN 的概念

SIGTRAN 协议是 IETF 的信令传送工作组 SIGTRAN 所建立的一套在 IP 网络上传送 PSTN 信令的传输控制协议。SIGTRAN 定义了一个比较完善的 SIGTRAN 协议堆栈，分为 IP 协议、信令传输、信令传输适配和信令应用等四层。

该协议有效地解决了电信网信令在 IP 网中高可靠性、高实时性传输的问题，保证电路交换网络的信令 (主要是 NO.7 信令) 在 IP 网中的可靠传输。

2) SIGTRAN 协议簇

SIGTRAN 定义了一个比较完善的 SIGTRAN 协议堆栈，分为 IP 协议、信令传输、信令传输适配和信令应用等四层。每层所含内容如下：

IP 协议层：IP；

信令传输层：SCTP；

信令传输适配层：SUA、M3UA、M2UA/M2PA、IUA；

信令应用层：TCAP、TUP、ISUP、SCCP、MTP3、Q931/QSIG。

不同的信令应用层需要不同的信令传输适配层，但 IP 协议层和信令传输层是共享和相同的。信令传输适配层与信令应用层的对应关系如下：

SUA 对应 TCAP；

M3UA 对应 TUP、ISUP、SCCP、TCAP；

M2UA/M2PA 对应 MTP3、ISUP；

IUA 对应 Q931/QSIG、ISUP。

(1) SCTP 协议。SCTP 由 IETF 提出，是一个面向连接的传输层协议，采用了类似 TCP 的流量控制和拥塞控制算法，通过自身的证实与重发机制来保证用户数据在两个 SCTP 端点间可靠传送。相对于 TCP 等其他传输协议，SCTP 传输时延小，可避免某些大数据对其他数据的阻塞，具有更高的可靠性和安全性。

(2) M3UA 协议。M3UA 是 MTP 第三级用户适配层协议，提供信令点编码和 IP 地址的转换。其用于在软交换与信令网关之间实现 NO.7 信令协议的传送，支持在 IP 网上传送 MTP 第三级的用户消息，包括 ISUP、TUP 和 SCCP 消息，TCAP 消息作为 SCCP 的净荷，可由 M3UA 透明传送。

(3) M2UA/M2PA 协议。M2UA/M2PA 是 MTP 第二级用户对等层间的适配层协议。

(4) IUA 协议。IUA 是 ISDN Q.931 用户适配层协议。

(5) SUA 协议。SUA 是 SCCP 用户适配层协议。SUA 与 M3UA 不同，它直接实现了 TCAP over IP 功能。

SIGTRAN 支持 PSTN 信令应用的标准原语接口，利用标准的 IP 传送协议作为低层传送信令，是 NGN 中重要的传输控制协议之一。

SIGTRAN 是在 IP 网络中传递 SS7 信令的协议，它支持的标准原语接口不需要对现有的 SS7 信令应用部分进行任何修改。

信令传送利用标准的 IP 传送协议作为低层传送，并且通过增加自身的功能来满足 SS7 信令的传送要求。

本 章 小 结

本章向读者介绍了下一代网络，NGN 代表通信网络发展正从技术驱动向业务（需求）驱动的方向迈进。传统电信网络面临 Internet 的冲击已经不堪重负，NGN 正匆匆向我们走来。

NGN 具有广泛的内涵，其范围相当广泛，主要研究的内容如下：新业务和应用的研究、网络传送的基础设施、网络体系架构的研究、IP 网络技术的研究、网络融合技术的研究、互通和互操作的研究、新型的控制、管理和运维机制、各网络单元的研究、新网络协议的研究、网络安全体系和技术的研究、测试技术的研究等。本章并不试图将所有的问题呈现出来，而只侧重于目前大家最为关切的技术与业务方面，即 NGN 的模型、构架和特点，进而分析 NGN 实现的关键技术，包括软交换技术、信令协议等。

习 题

1. 试叙述 NGN 狭义和广义的说法是怎样的。
2. 试叙述 NGN 的网络特点。
3. 软交换的对外接口有哪些，分别具备怎样的功能？
4. 什么是 MGCP 协议，该协议的连接模型是怎样的，有哪些指令？
5. 什么是 H.248 协议，该协议的连接模型是怎样的，有哪些指令？
6. 什么是 SIP 协议，该协议的网络构成是怎样的，有哪些指令？
7. H.323 协议簇有哪些协议，具体有怎样的功能？
8. 软交换中的信令传输协议是哪个协议簇，分别有哪些协议，具备什么样的作用？